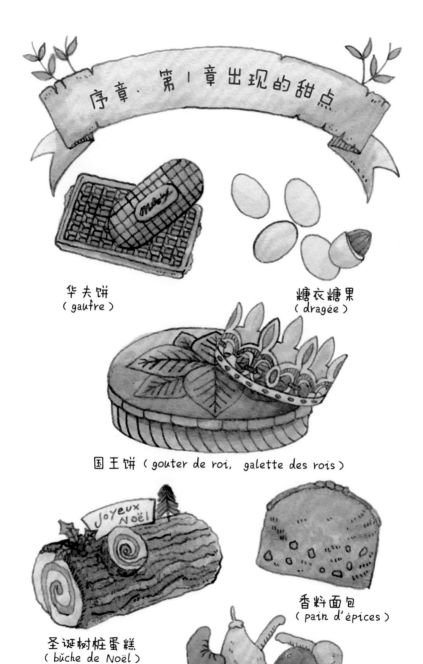

序章、第1章出现的甜点

华夫饼
（ gaufre ）

糖衣糖果
（ dragée ）

国王饼（ gouter de roi, galette des rois ）

圣诞树桩蛋糕
（ bûche de Noël ）

香料面包
（ pain d'épices ）

糖果（ confiserie ）

Joyeux Noël

巧克力（可可）

马卡龙（macaron）

冰淇淋
（ice cream）

咕咕霍夫（kouglof）

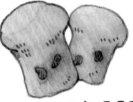

巴巴朗姆酒蛋糕
（baba）

欧蕾咖啡
（café au lait）
和可颂
（croissant）

第2章、第3章
出现的甜点

夏洛特蛋糕
（charlotte）

玛德琳蛋糕
（madeleine）

萨瓦兰蛋糕
（gateau de Savoie）

泡芙塔（croquembouche）

萨伐仑松饼
（savarin）

牛奶杏仁慕斯
（blanc-manger）

修女泡芙
（ religieuse ）

法式苹果塔
（ tarte Tatin ）

爱之泉水
（ puits d'amour ）

拿破仑蛋糕
（ mille-feuille ）

巴黎车轮泡芙
（ Paris-Brest ）

闪电泡芙 （éclair）

圣奥诺雷泡芙
（ St. Honoré ）

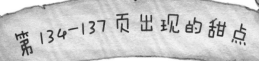

第 134-137 页出现的甜点

法国甜点里的法国史

〔日〕池上俊一 著

马庆春 译

南海出版公司

新经典文化股份有限公司
www.readinglife.com
出 品

目录 CONTENTS

现在的巴黎

凯旋门

①

圣奥诺雷市郊

歌剧院

②

③

塞纳河

埃菲尔铁塔

绍塞·昂坦

喜歌剧院

⑤

④

⑦

国家图书馆

巴黎皇宫
（佛伊咖啡馆）

卢浮宫

⑮

圣日耳曼德佩区

普罗科普咖

⑯

原法兰西喜

卢森堡

布洛涅森林

凯旋门

卢浮宫

埃菲尔铁塔

巴士底广场

雷诺特的店铺

奥特伊街

宛赛纳
森林公园

①奥斯曼大道
②嘉布遣大道
③圣奥诺雷路
④和平街
⑤黎塞留大街
⑥维维安街
⑦维维安拱廊
⑧法洛廊
⑨阿布基尔路
⑩蒙特吉尔街

⑪隆巴街
⑫贝尔维尔大道
⑬梅尼蒙当大道
⑭特鲁索大街
　（原圣玛格丽特大道）
⑮巴克街
⑯古喜剧院大街
　（原圣日耳曼大街）

易所广场
⑨
⑩
特雷尔
点店
原中央市场
⑪
原夏莱特裁判所
原格雷沃广场
孚日广场
马莱
最高法院
西堤岛
巴黎圣母院大教堂
巴士底狱遗址
圣礼拜堂
圣路易岛
⑭
索邦大学
（黎第一大学）
⑥
⑫
⑬

法国的地区和城市

注：该地图为 2016 年之前的法国行政区划图。

序章

甜点与法国的深厚关系

查理大帝的餐桌

法国甜点世界第一?

各位喜欢甜食吗?我非常喜欢。甜味和糖分不仅是营养和能量的来源,还能给疲惫的精神带来慰藉和喜悦。这是为什么呢?要回答这个问题不太容易。在人类的历史发展过程中,糖分的摄入量一直在增加,直到不久之前,这种上升趋势都不曾停息。

"甜点"①作为甜食的代表,是何时、在何地、怎样被制造出来的呢?在各种各样的食物中,它处于什么位置,和历史又有着怎样的联系?这些问题恐怕可以结合任何一个国家和地区的甜点来讨论。不过,我相信,能够真正成为历史的铜镜、作为社会和文化的重要因素、最具象征性的还是法国甜点。也许有人会说:"那是因为你喜欢法国吧。"或许如此,不过我相信各位读了这本书后,也一定会认同这个观点。

---

① 日语中的菓子,根据具体上下文,译文中会使用点心与甜点两种译法。

在全世界为数众多的甜点和蛋糕（最近非常流行甜品这个词，法语是 pâtisserie）中，第一名还要数法国的，大家是不是也有这样的印象呢？很多甜点师陆续在东京和神户开店，其中绝大多数都是法国甜点店。将商场的地下一层装点得甜蜜而美丽的也是法国甜点。电视、杂志会报道从法国学成归国的甜点师的动向，他们原创的甜点也被冠以法国风格的名字。当然，德国、英国、意大利、美国等国家也有深入人心的"乡村风"甜点，但这些甜点一旦出现在法国甜点的旁边，也会沦为陪衬。有这种感觉的应该不止我一个人吧？

说到这儿，我似乎听到了一个声音："你是不是忘记日式点心——特别是京都的点心了？"的确如此，不过，这必须从完全不同的角度讨论。在日本，品尝法国甜点和日式点心的场合不同，作用也完全不同，二者没有可比性，因此本书不涉及日式点心。

不仅法国人认为"法国甜点世界第一"，这种观点已经成为全世界的共识。为什么会这样呢？想要理解这一点，就必须理解法国的历史，其中的关键又在于法国文化的形成及法国的世界战略。

"多余"的甜点

就像时尚与社交礼仪一样，甜点也是地方文化的精华之一。甜点并非维持生存必不可少的食物，而是一种"多余"的食物，因而成了调整社会关系和文化的润滑剂和工具。甜点不仅与地位和权力联系在一起，还与游戏和时尚密不可分。

没有盐和水，人类就无法生存。围绕盐和水，政治和经济的力量在发生作用，支配和隶属的关系也由此产生。比如，美国的汉学家卡尔·奥古斯特·魏特夫（Karl August Wittfogel）就曾经说过，治水或者说灌溉、水利是专制国家的起源。此外，"盐税"在任何地方都司空见惯。罗马时代，盐还曾被当作官员和军人的俸禄。

甜味剂（即砂糖）却不是生存所必需的东西，这一点与香料一样。因此，甜食和甜点不受政治和经济的支配，受文化支配。正是由于甜食具有文化价值，人们才为之着迷。我们要牢牢把握这一点。

另外，不管是蛋糕，还是巧克力、冰淇淋，甜食不像肉和米饭一样是主菜和主食，而是作为正餐之间的零食或饭后甜点，存在于饮食体系的边缘。零食和甜点看似可有可无，一旦缺失又会让人觉得无聊、不满足。甜点正是那点睛之笔。许多甜点还包含着人们与恋人、朋友或家人的"回忆"。

正因为甜点是处于边缘的多余食品，它才拥有一种不可思议的力量：让生活甘甜美好，唤起人们的幸福感。为了发挥这种力量，人们积极地开动脑筋。正如游戏是与劳动相对的，甜点对于生存而言是多余的，但它赋予单调的生活以活力，带给人生存的喜悦。

如何制作、保存这种"多余的东西"，可以成为衡量一种文化的标准。回顾历史，我们惊讶地发现，精致的甜点一直忠实地依循着文明的传播路径，从文明程度高的地区走向文明程度低的地区，从东方走向西方，又从西方走向东方，将甜美的梦带到各个地方。

任何人都能得到的"宝石"

民俗学上有"正式"（非日常）和"普通"（日常）的区别。在古代，甜点在很长时间内都属于"正式"的食物，这种传统留存至今，比如圣诞节蛋糕、婚礼蛋糕、生日蛋糕、复活节等节日的甜点。想到日本的粽子、槲树叶年糕和菱形年糕，我不禁惊讶于东西方世界的一致。近些年来，情人节送的巧克力大概也可以算在其中。

作为一种正式的食物，甜点常用作"赠品""礼物""伴手礼"。因为几乎所有人都喜爱甜点，而且水分少的甜点易于保存，非常方便。

此外，人们可以并乐于精心装饰甜点。没有哪种食物比甜点更接近建筑和艺术。但是无论多么富有艺术性，甜点终究是一种"仿造品"，顷刻间便能被破坏或吃掉。甜点可以用绚丽的色彩装饰，有复杂的造型，其他食物通常不会如此华丽。甜点的"考究"和"精致"，以及亲和力、"都市感"逐渐变得重要起来。乡村点心也不错，但是总归不够高贵、奢侈和考究。最后这一点可以说是西洋甜点，特别是法国甜点的真正价值。

甜点还有一个优点。王侯贵族的豪华宅邸、华美服装和珍馐美味对于普通百姓来说是遥不可及的。然而，即便是最高级的奢华甜点，也是任何人——至少偶尔——都能拥有的。甜点作为餐桌上的小小宝石，任何人都能品尝到，这正是它的独特之处。甜点既可以是奢侈品，又可以是平民食物，再没有比这更出色的食物了。

甜点武器

那么，拥有独特的社会地位、被赋予文化意义的甜点，与法国的历史又有着怎样的关联呢？

也许有人有异议：用甜点来评说一个国家的历史也太不自量力了，这不是把极其微小的事物与极其宏大的事物生硬地联系在一起吗？也许甜点看似对于生存毫无影响、可有可无，但它却对文化发展做出了巨大贡献，是社会生活的润滑剂，是丰富家庭回忆的重要因素，它与历史绝非毫无关系。不仅如此，如果哪个国家将它用作国家战略，也绝不会让人感到不可思议。

这样做的国家正是法国。法国在漫长的历史中——不管是有意还是无意——倾尽全力研究甜点这把宝刀。首先，在法国国内，根据不同身份的人的期待，对甜点加以包装，接着又把它那优美的姿容推广到国外。

当然，不仅仅是甜点，整个"法国菜"都是对外宣传的工具。不过，甜点有其便捷性：即使与其他的菜肴不成体系，也可以加入。高级的法国菜先是登上了欧洲宫廷和上流社会的餐桌，接着又传播到世界各国的上层社会。可平民对法国菜却是望尘莫及的。而甜点作为法国美食神话的先锋，可以为一般人获得和食用。

传播法国美食神话，让人们带着憧憬"谈论"和"提及"法国菜和法国甜点，这是法国的重要战略。就算在遥远的东方国度日本，我们也能感受到这一战略的巨大成功。美食作为一种综合艺术，其绽放的光芒超越国境，照耀四方。法国菜和法国甜点也逐渐塑造出这样一种形象：美丽、随意的乐趣、自由奔放、时尚、都市感。现在人们甚至会觉得，只要有一个法国风格的名字，菜肴和甜点就会显得高级。是不是感觉叫萨伐仑（savarin）和阿曼蒂尼（amandine）比叫萨赫（sachertorte）考究、好吃呢？

本书将以法国文化和甜点的密切关联为线索，追溯法国的历史。虽然是以"文化史"为中心，但文化史并非孤立的存在，论述中自然也会涉及政治、经济、社会和宗教等。

凯尔特人和古代的点心

法国的美食神话，以及将甜点当作武器的国家战略，是在17世纪的绝对君主制时期之后开始的。我们现在能够品尝到的真正意义上的法国甜点诞生于19世纪。但是，在此之前，甜点的原材料早已经出现，而且形成了一些习惯和制度，在政治、文化、精神方面为日后法国甜点的繁荣做好了准备。从下一章开始，我将讨论真正意义上的甜点和法国的历史。这里，我想先介绍一下古代的点心，同时简单梳理一下古代和中世纪初期[①]的法国历史。我们主要关注两个民族。

---

①法国的古代时期从公元前6世纪持续到公元5世纪；中世纪则是从公元5世纪到15世纪，其中又以公元10世纪为节点，分为早期和晚期。

从古代开始，就有人定居在现在的法国，多个民族在这里生息繁衍，交替居住。大约在公元前9世纪，凯尔特人从东方的多瑙河流域携带铁器文化迁徙至此。谈到法国历史时，法国人总会回答，自己最古老的祖先就是这些凯尔特人。当然，更古老的还有克罗马努人（Cro-Magnon man）、伊比利亚人（Iberian）、利古里亚人（Ligurian）等。但是现在可以确定的是，最早对法国文化、社会和宗教产生直接而巨大影响的民族的确是凯尔特人，所以法国人的回答也没错。凯尔特人信仰德鲁伊教（Druidism），这是一种多神教，他们相信灵魂不灭，崇拜自然。中世纪时，法国人仍然保留着各种各样的民间传说和风俗习惯。

公元前1世纪，凯尔特人居住的高卢（Gallia）地区（现在的法国）被罗马的恺撒征服并占领。随着罗马的发展，高卢的经济也得到发展，开始了城市化的进程。现在，法国南部仍然保留着许多罗马时期的建筑物——罗马风格的神殿、水道、大浴场和剧场等。罗马为高卢带来了城市的繁华，这是高卢地区不曾有过的生活。高卢人遗址中的陶器和金银工艺品则反映了当时的制陶技术和冶金技术等。除了德鲁伊教，高卢地区还有东方的密特拉教（Mithraism）和西布莉（Cybele）信仰等地方宗教。

前面我讲到，点心曾是一种"正式"的食物。因为从远古时期开始，点心就被用在巫术和祭神仪式中，与人一生中的所有仪式都紧密相连。古希腊的结婚仪式要交换点心，罗马的新婚夫妇要举行点心奉献仪式。中世纪之后，法国继承了这种结婚的民俗。比如，在洛林（Lorraine）地区，新人需要越过高高摞起的华夫饼（gaufre）献上正式的初吻。在布列塔尼（Bretagne）地区，求婚时需要用到点心。如果拒绝求婚，就制作相同的点心送还。结婚蛋糕越大越好，有时候人们甚至会准备直径 1.5 米的巨大蛋糕。在利穆赞（Limousin）地区，人们不做结婚蛋糕，而是做非常坚硬的格雷派饼（galette，圆形的扁平烤饼），新郎的随从要用拳头将它打碎。

在古代，各种祭典、节日都有点心的身影。公元 400 年前后，罗马的作家马克罗比乌斯（Macrobius）讲到，在农神节（Saturnalia）上，人们为了感谢农神萨杜恩发现了蜜和水果，互相交换一种薄煎饼（die Palatschinke）。

此外，点心还用于供奉死者。希腊喜剧作家阿里斯托芬（Aristophanes）在《女人的和平》中提到一种蜂蜜蛋糕。将这种蛋糕投喂给蚕食尸体的怪兽三头犬刻耳柏洛斯（Kerberos），它就会远离死者。刻耳柏洛斯是地狱的看门犬，希腊神话中的英雄赫拉克勒斯（Hercules）来到冥府（地狱）时，也生怕自己被吃掉，于是向刻耳柏洛斯投喂蜂蜜蛋糕。

通过神话和故事可以得知，这种点心是令地狱之犬都忘乎所以的迷人食物，是连接冥府与人间的纽带。在没有砂糖的年代，带有珍贵甜味、象征光明的金黄色蜂蜜成为讨好地狱诸神的供品，用于制作点心。

中世纪初期的法兰克人

公元3世纪，日耳曼各民族越过莱茵河入侵各地，罗马帝国日渐衰落，分裂为东西两部分。统治法国的西罗马帝国遭受外族入侵，加上内部积弱，终于在476年覆灭。"蛮族"领袖在罗马的废墟上建立起自己的王国。侵入高卢地区的正是我们要关注的另一个民族——法兰克人。法兰克王克洛维斯（Clovis）以巴黎为中心，建立了从莱茵河到比利牛斯山脉的广阔领地。

4世纪的罗马帝国将基督教立为国教。在西罗马帝国灭亡后，高卢地区仍然有许多罗马人。496年，克洛维斯意识到，如果得不到这些罗马基督教徒的支持，就无法统治此地，便改变信仰，由自然崇拜的多神教改宗为天主教（亚大纳西派）。此后，基督教势力在法兰克王国越来越大，因为法兰克的国王们希望借助有组织的教会摆脱政治上的混乱。下一章大家会看到，基督教深刻地影响了甜点的发展。

克洛维斯死后，王国分崩离析，王权衰落。不久，担任宫相的丕平结束了墨洛温（Merovingian）王朝，建立了新的王朝——加洛林（Carolingian）王朝。754年，教皇斯德望（Stephanus）二世为他实施涂油礼加冕①。

丕平之子查理曼（查理大帝）逐渐扩大领土。当时，与东罗马帝国处于对抗关系的天主教领袖——教皇利奥三世想与查理曼联手。于是，在公元800年的圣诞节，查理曼由教皇加冕，成为"罗马皇帝"。查理大帝与其子虔诚者路易加强了王权，带来了人称"加洛林文艺复兴（Carolingian Renaissance）"的文化复兴时期。法兰克贵族喜食肉类，查理大帝本人也酷爱狩猎，大量食肉。

为了避免妖怪靠近死者，需要供奉加入蜂蜜的面包，法兰克人等日耳曼民族原本也有这样的风俗，尽管皈依了基督教，这种风俗依然保留，直到查理大帝和东法兰克王卡洛曼一世下令禁止。法兰克人相信植物的神灵和仙子喜欢点心，所以有向神灵和仙子供奉点心的习俗。此外，他们还认为，从刚刚耕种的土地和刚下过雨的土地上升起的水蒸气，以及泥土的芬芳是制作点心的哥布林（goblin）捣的鬼。哥布林居住在家里、土地上，喜欢恶作剧。

---

① 这是丕平第二次得到来自宗教的指派，早在751年，罗马教皇圣匝加（Pope Zachary）就曾派大主教为他加冕。

统一法国的"精髓"

我们简单了解了法国的古代和中世纪初期。但真正的"法国历史"是从中世纪过半的公元 1000 年以后开始的，此时王权又重新掌控了法国全境。

在法国，最初是国王和贵族主导政治，决定国家形态。近代之后，市民（资产阶级）成为主角，到最后民众成为主角。尽管主角在变，但他们一直以"法国"这个"国家"及其"国土"为舞台，构建社会、培育文化。每当探寻法国的起源，尽管不同的论述者多少会有一些差异，但人们总是会提及法兰克时代（墨洛温王朝和加洛林王朝），并进一步追溯到高卢时代。

17 世纪的思想家布兰维利耶（Henri de Boulainvilliers）认为，高贵的法兰克人作为征服者成为法国贵族的祖先，被征服的高卢人则成为农民和商人，属于"第三等级"。19 世纪的历史学家梯叶里（Augustin Thierry）认为，撼动国家历史的种族不是一个而是两个，即原住民高卢人和外来民族日耳曼人（法兰克人），他们有着完全不同的记忆。梯叶里认为，高卢人生性追求自由，中世纪市民们反抗贵族的运动就是继承了高卢人的这种性格。两个种族相互对立又彼此协作，创造了历史。

在此我们省略复杂的讨论，姑且不论哪个民族的比重更大，而将高卢人和法兰克人共同视为近代法国人的祖先，二者相互作用，使得在地理和民族上具有多样性的法国融为一体。

18、19 世纪，法国作为公认的"甜点大国"，不仅政治家，知识分子中也出现了夸耀甜点、视甜点为值得骄傲的法国文化的倾向。这些知识分子追溯法国古代的历史，从建国的角度彰显法国的优秀。他们宣扬法国的独特力量——高卢人、法兰克人，以及之后来到法国的各个民族将多种多样的文化融合到一起产生的力量。

19 世纪的历史学家儒勒·米什莱（Jules Michelet）使用了"精髓（genie）"一词。这个词被 19 世纪的文学家和历史学家频繁使用。"Genie"也译作"特性""真正价值"。在神话学中，"genie"指"精""灵""守护神"等。"Genie"也有"天才"和个人拥有的"天分""天性""才能"的意思。

米什莱讲到，法国的"国民精髓"就是拥有将不同人种和地域融合为一的力量，而且不是强硬地使之统一，而是使各地区和各民族自然而然走到一起的力量，极具魅力。19 世纪的许多历史学家、文学家和哲学家都说过类似的话。这种精髓的力量也孕育了法国甜点这一法国文化的优秀组成部分。

兼容、同化的国家

法国是如何吸纳不同民族和文化的呢？很长时间内，法国奉行"出生地主义"。要获得法国国籍，成为法国公民，最重要的是在法国的国土上出生、长大，只要符合这一条件，任何民族和人种都能成为"法国人"。与之形成鲜明对比的是德国的"血统主义"，即在哪里出生没关系，但必须拥有继承自父母的德国人血统，"血脉"的传承决定了一个人是不是德国人。这源于对"德意志民族"的坚定信念，对纯正血统的追求，恐怕也出于对污染血统的恐惧。

19 世纪以后，法国开始并用出生地主义与血统主义。但相比其他欧洲国家，法国的非洲和亚洲移民要取得国籍容易得多。据说，每四个法国人中就有一个人的父母或者祖父母是移民。

一旦成为法国人，移民们就必须宣誓忠诚于法国，遵守法国的基本原则，正确地使用和书写法语。直到数年之前，法国还不接受英语等任何外来语，要求所有人必须说法语。在有着不同出身、不同经历的人构成的法国，在私人空间内，人们可以保持各自的宗教信仰、生活习惯和语言，但在公共场所，所有的法国人必须遵循统一的规则。这种倾向很容易演变成自以为是的法国至上主义——排除和压制未同化的部分。

两种互相对立的力量并存于法国这个奇特的国家。在漫长的历史中，各民族及其思想、习惯互相碰撞，互相作用，逐渐形成了法国人、法国思想和法国社会。他们宣称"只有法国的才是正确的，且具有普世价值"，并努力使这种宣称正当化。其他国家的人非常不容易驳斥这种思想，而且这种思想拥有强大的力量，甚至让别国人都觉得"或许是这样"。

法国巧妙地吸收了德国的哲学，意大利的音乐、人文主义和饮食文化——以及甜点，还对外主张这些原本就属于法国。

文化立国

请大家一定要记住一点：改变历史的不仅仅是军事、农业生产、阶级关系等物质和社会条件。特定时代人们的观念、人与环境的关系、世界观和对历史的想象等也是不容忽视的力量。

正如大家将在后文看到的，法国在很长时间内掌握着欧洲的霸权。第一次世界大战后，法国失去了殖民地，国力大幅下降，但仍然保留着文化或者说精神上的优越性。只是在全球化和英语至上主义的影响下，法国文化才面临严峻的形势。

为什么会有这样的优越性？因为大家一直都相信米什莱所说的那种"法国精髓"的力量。而且，这种力量与法国的国土紧密相连。如果法国人像犹太人那样失去国土，分散在世界各

地，想必法国文化早就不复存在了。他们相信精髓存在于这片
土地之中。如果没有法国国土的多样和丰富，没有法国人对国
土的热爱和信仰，无论是法国的菜肴，还是法国菜的精髓"甜
点"，都不可能如此卓越。关于这一点，通过第 1 章的论述，相
信大家会逐渐了解。

现在，就让我们开始这段甜蜜的历史之旅吧。

第1章

基督教信仰与中世纪朴素的点心

卖祭饼的小贩

点心的衰退与复活

在序章中我们介绍到，希腊人和罗马人食用多种加入蜂蜜和果实的点心。自从罗马帝国分裂（395年）、坍塌（476年）之后，人们再也没有闲暇食用点心这种"多余的食物"。日耳曼人用点心供奉诸神和仙子。点心成为一种特别的食物，平日里很少食用。

然而，"点心"却在一个让人意想不到的地方复活了，那就是基督教会内部。古代末期到中世纪初期，各地领主割据，社会极其不安定。教会是唯一一个呼吁和平、能够统一欧洲世界的组织。

罗马教廷派出许多传教士和布道者，积极地致力于让日耳曼民族改信基督教。他们对异教发动无休止的战争，砍伐自然崇拜的"圣树"，破坏神殿。但是要根除异教信仰非常困难，他们不得不从改变异教徒非常熟悉的物品和习惯开始，将其变成基督教风格的，也就是说，将基督教的祭典节日和圣人崇拜移植到日耳曼、凯尔特以及罗马的祭典和诸神崇拜上。这大大影响了祭典和祭典中食用的点心。

基督教和点心

　　法兰克的君主们也意识到了基督教会的力量。克洛维斯率先改宗为正统的基督教亚大纳西派。此后，加冕皇帝的查理大帝统一了典礼的形式，颁布敕令禁止异教风俗，希望与罗马天主教会联手治理国家。这一时期，点心也开始复活了。

　　乍看之下，基督教似乎是点心的敌人。因为从古代开始，基督教会就认为"贪吃、贪食"是恶行。贪食与色欲常常一起出现在恶行之列。大教皇格里高利（Gregorius，590～604年在位）时期确定了七宗罪（傲慢、贪婪、淫乱、暴怒、贪食、嫉妒、懒惰）。

　　对贪食的批判很容易导出对点心的批判，事实上也的确如此。但令人意外的是，欧洲的蛋糕竟起源于基督教。基督教制作"祭饼（oublie）""尼乌尔"等点心作为贡品。这些点心最初并不是甜点，却为不久后诞生的加入蜂蜜的甜点打下了基础。

修道院的作用

中世纪修道院的作用非常重要。修道士们作为基督教的精英，不仅是实现救赎的榜样，还过着严格的修行生活，希望通过祈祷和典礼给整个社会带来救赎。从古代末期开始，法国也建起了各种各样的修道院。

修道院一般建在远离人群聚集的地方，修道士过着超凡脱俗的禁欲生活。这里被称为"天国的前庭"，每天的生活就是专注于典礼。相比与世（非宗教世界）隔绝的修道士，牧师和主教在世俗世界的影响力更大。主教掌管着教区，是受所有神职人员尊敬的最高权力者，他是全体神职人员的教育者，也是大罪的审判者。围绕主教形成了一个叫圣堂参事会的集团，辅佐他的工作。教区会进一步分为各个小教区，小教区的牧师负责管理信徒。每个礼拜日都会在教堂举行弥撒。这些入世的神职人员对信徒的日常生活产生了巨大影响。

然而，修道院也并非与世俗毫无关系。实际上，修道院本身就是大领主，控制着土地，依靠其控制范围内农民的繁重劳动为生。修道院也会雇用名为托钵僧（助修士）的勤杂工。此外，修道院中大多保管着圣人的遗骸、遗物等供人瞻仰，成了人们信仰的对象，许多朝圣者慕名前往。因此，修道士对世俗之人的感化作用也不容忽视。

图 1-1　监督农民劳动的修道士

　　中世纪中期以后，最重要的是克吕尼修道院。公元 6 世纪前半叶，由圣本笃（Saint Benedict of Nursia）创立的本笃会戒律森严，克吕尼修道院和许多其他的修道院一样，也遵守本笃会的戒律，但却特别重要。910 年，在勃艮第（Bourgogne）地区的克吕尼，克吕尼修道院由亚吉田公爵威廉主持建立。通过改革，修道院长取得了人事权和财产权，这些权力原本被非神职人员掌握。克吕尼修道院成了教皇直属的修道院，分院迅速扩展至全欧洲，特别是在法国得到了长足发展。

将神和人联系在一起的点心

克吕尼等修道院作为大领主，能够得到小麦等谷物，以及葡萄、河鱼、蜂蜜、鸡蛋和奶酪等。修道院的修道士成了制作葡萄酒、面包和点心的先驱。贡献这些原料的农民却被禁止制作点心、面包和蛋糕。修道士们为什么要制作点心呢？

从中世纪初期开始，在圣人传、修道院的惯习律、大公会议的记录，以及神学家的著作和书籍中就出现了"祝福饼（eulogiae）""祭饼"，相当于点心。"Eulogiae"在希腊语中意为祝福，是饭前空腹食用的东西。修道士们聚集在食堂中食用祝福饼，这是修道院长和一般的修道士之间一种亲子关系（并非血缘关系，而是经由宗教缔结的关系）的标志。教皇和主教、牧师等神职人员也相互赠送"祝福饼"，并常常将其赠予和教会关系深厚的人。

祭饼原本是助理牧师在圣具收纳室中烤制的点心，与"圣体面包（hostia）"的外形完全一样，又白又圆，呈扁平状。在基督教的弥撒中，信徒领取圣体面包后食用，这叫圣餐礼。人们认为面包在神职人员的祈祷下变成了基督的身体。这种圣体面包不使用酵母菌，是一种未经发酵的面包，在炉灶中烤制而成。祭饼也是不发酵的食物，在上等的面粉中加入水和红酒，将其放在两片圆形铁制模具中烤，和华夫饼很相似。修女们似乎都很擅长制作祭饼。

成品（祭饼）包在白布中，一部分被用作弥撒仪式。在端上祭坛之前，必须将它放在祭坛左侧的桌子上接受庄严的祈祷，从而圣化为圣体面包，象征"基督的身体"，只要吃了它，就能分享基督在十字架上的牺牲，得到恩宠。不是所有点心都能成为圣体面包，普通的祭饼只是喜庆的点心。牧师在祝圣后

图 1-2　基督和圣体面包

会将部分点心分发给未能参与圣餐礼的人。虽然远不及亲自参加弥撒、领取圣体面包，但这也能带来一时的拯救。

祝福饼与祭饼的传播

克吕尼修道院的惯习律中记载，四旬斋时会给修道士们分发祭饼。其他史料也记载，祭饼是四旬斋的星期日、圣周四和复活节盛典次日的食品。1202 年，据巴黎教会的神职人员记载，

在基督升天节前夜领受"埃绍得饼（échaudé，见第 28 页）"①、祭饼和葡萄酒。这些证言表明，祝福饼和祭饼首先在修道院内传播，而后通过小教区每周的弥撒和大的节日分发给一般人，逐渐传播开来。

即使到了近代以后，修道院的劳动不仅包括做农活，也包括制作利口酒、果酱、蜜饯等。美食家格里莫·德·拉·雷尼埃（Alexandre Barthazar Laurent Grimod de la Reynière，1758 ～ 1837，见第 158 页）在其著作《美食家年鉴》中，满怀眷恋地回忆起法国革命前修女们制作的各种美味甜点：莫雷小镇（Moret-sur-Loing）的大麦糖（Sucre d'orge，用大麦做成的糖果），里昂（Lyon）的橘子酱（marmalade），普罗旺斯地区艾克斯（Aix-en-Provence）的杏仁点心，巴黎的千层酥（feuillantine，烤制而成的薄脆点心）。

活跃的小贩

不久后，祭饼不再由助理牧师和修女制作，而是由世俗的手艺人制作。这些专门制作祭饼的手艺人在 1207 年的同业行会

---

①一种用烫面团做的松糕。

清单中第一次出现，他们被叫作"oubloyer"等。1292 年的《人头税总账》记载了巴黎的二十九名祭饼手艺人。

他们同时也担负着制作圣体面包的任务，因此被教会严密监视。无论是师傅、匠人还是学徒，都严禁赌博，也不能出入风月场所，必须品行端正，声誉良好。原料自然要使用优质的鸡蛋。

到了 15 世纪，祭饼手艺人逐渐被点心工匠同业行会吸纳。这时，在节日中，除了祭饼，还出现了许多别的美味点心。教会不愿意让非神职人员制作教会仪式上使用的祭饼，希望重新将这一工作委托给修女。而一些王公贵族拥有自己的礼拜堂，由礼拜堂的牧师主持祭典，他们的用人中也有祭饼手艺人。

世俗的祭饼手艺人也制作、出售和祭饼类似的点心（华夫饼等），在大型节日、朝拜活动或者游行活动时，兜售给聚集在教堂和广场的人们。最早的例子记载在 13 世纪纪尧姆(Guillaume de la Villeneuve) 所写的《巴黎的小贩》一书中。当时，各种各样的商贩都用特有的叫卖声招徕顾客，卖祭饼的小贩会吆喝"又热又大的祭饼"。到了近代以后，市民常常在吃晚饭时从窗户探出头，招呼卖祭饼的小贩一起赌博。这些小贩一旦输掉，不仅要免费赠送祭饼，还要唱歌。他们唱的歌，歌词越来越淫秽，所以巴黎警察一度禁止小贩叫卖。祭饼的形状原本是小小的圆形，不久之后，变成了管状和圆锥形（见本章篇章页）。

埃绍得饼也是街头巷尾、广场和市场中流行的点心。制作这种食物，需要将面粉和成坚硬的面团，然后用擀面杖压平，切成带状后放入热水中，再埋在暖炉的灰里干燥，或者在炉灶中烘烤一夜。食用时需要再次加热，后来人们经过改良，加入了香辛料茴芹，使其更加美味。祭饼和埃绍得饼逐渐传播开，因此在中世纪后期，对于一般市民来说，点心越发容易吃到。

此外，还出现了各种各样有名字的糕点。尼乌尔有时指和祭饼一样的点心，有时又指不同的食物。总体而言，它是一种华夫饼，轻薄如云彩，常常在圣灵降临节分发给信徒们。这种点心到近代以后仍然存在，据说斯坦尼斯拉斯（Stanislas Leszczynski，见第 101 页）就酷爱这种点心，他每次去凡尔赛宫与女儿见面时，口袋里总会装满尼乌尔。

此外，还有格雷派饼和弗斯烤饼（fouace，用上等面粉做成的格雷派饼），以及奶油小圈饼（dariole）和布丁（flan）、胡葱薄饼（flamiche）、奶油水果塔（tarte）类。除此之外，还有布里欧修（brioche）（见第 88 页）等含奶油和咸味的面包，直至近世，都很受喜爱。

法国北部的一位游吟诗人于 1320 年创作的故事《巴黎三夫人》中，在主显日（1 月 6 日）这天，三位商人的妻子外出狂欢，她们在小酒馆吃饭，最后说道："想醒醒酒，请给我们拿三瓶歌海娜（Grenache）……再拿些华夫饼和祭饼，还有奶酪和剥了皮的杏仁，梨子、香料和核桃也拿一些。"由此可以看出，小酒馆中也出售点心。

人们至今仍然不知道这些中世纪的质朴点心到底有多甜，是不是放入了足量的砂糖和蜂蜜。有人认为，中世纪的人对甜味没有什么兴趣。不过，在东方和西班牙接触过阿拉伯世界的欧洲人都纷纷称赞甜点心，所以我想从中世纪的中期到后半期，甜点应该渐渐传播到了法国。

卡佩王朝的开始

让我们再次回顾法国历史。这次时间要早一些。查理大帝的帝国在843年分成了东、西、中三部分。秃头查理（Charles II，查理二世）获得西法兰克，这一区域后来发展成了法国。877年，秃头查理去世，之后，西法兰克经历了一系列短命的继任者。经过法兰西帝国的短暂统一后，西法兰克的王位没有传到加洛林家族手中。888年，巴黎伯爵厄德（Odo）坐上了王座。他是一位英勇的军人，击退了维京人。9～10世纪，伊斯兰教徒和维京人分别从南部和北部进攻欧洲，欧洲各地遭到掠夺。维京人觊觎法国的修道院，掠夺了许多宝物。虽然厄德奋力抗敌，但危险并未消除。

厄德之后，加洛林家族再次登上王位。987 年，厄德之弟罗伯特的孙子雨果·卡佩（Hugues Capet）在众人推选下登上王位，开始了卡佩王朝（987 ~ 1328 年）的统治。雨果原本是巴黎法兰西岛（Île-de-France）地区的领主。10 世纪时，查理曼帝国的分割和继承导致混乱，各地出现了实际掌握土地的领主（公爵和伯爵），像君主一样治理各自的领地。其中，最强大的就是罗伯特家族的雨果·卡佩。

封建制和三个阶层

当时，世俗权力日益增强，公爵、伯爵与教会势力并列成为这些势力的代表。世俗权力的中心是领主，他们以城堡为据点，控制着周围地区。起初，这些城堡只是用泥土和木头建造的小堡垒，后来人们逐渐建造了更为坚固的石头城堡。领主肩负着保卫和平、维持正义的任务，拥有审判权，同时向领地内的子民征收各种税金。

为诸侯和领主效力的是比拼战功的骑士。骑士原本是拿着武器的自由人，他们选择自己效忠的领主，在领主面前下跪行臣从礼，宣誓忠诚，成为家臣。领主把土地分封给家臣，供养家臣。发生战争时，领主会率领家臣参战，指挥作战。骑士作为家臣，有义务为领地提供"援助"和"建议"。援助的方式有很多，比如当领主被俘时支付赎金，为领主的女儿准备嫁妆等，最重要的方式当属军事援助。他们也帮助年老多病的领主管理财产。

这些地方势力相互争夺统治权，屡屡引发战争，给农民和教会带来灾难。不过，有一点不容忽视，即多股势力并存的封建制度也抑制了无政府状态和掠夺横行的情况，使社会趋于稳定。因为，在封建关系中，特别是身份地位较高的领主之间都存在类似友好条约的约定，像网一般密密麻麻又错综复杂的封建关系在很大程度上又避免了争斗。

封建制度、骑士制度和以贵族为尊的身份制度紧密结合，尽管形式有所变化，但在法国大革命之前相当长的时间内，都决定着法国社会的基本结构。这种欧洲封建社会拥有祈祷者、战斗者和劳动者"三个阶层"。祈祷者即神职人员，战斗者即骑士，劳动者则是农民。但是，从大约 12 世纪开始，城市的商人和手艺人日益增加、力量日益增强，劳动者也逐渐分化，情况渐渐发生变化。

王的权威

在众多领主中，雨果被拥立为王。在雨果的时代，罗伯特家族已经失去了政治上的力量，其属下的家臣纷纷自立，领地逐渐减小。不过，卡佩王朝却成了法国形成"国家"的重要契机。当初，法国的势力极为弱小，统治范围只有法兰西岛周围很小的区域，王权也只能直接支配少数家臣。为什么此后雨果可以统治如此辽阔的疆域、成为万人之上的王者呢？因为他拥有几项特别的权威。

首先，雨果在国王登基典礼上，被涂抹了圣灵带来的圣油瓶中的圣油，获得神的权威，向世人昭示自己的王权是神赐予的。当时的基督教势力强大，这种方式具有极强的说服力。

其次，虽然国王只拥有很少的直辖领地，但却已经站在了封建等级的顶点。国王不对任何人行臣从礼。相反，无论拥有多大领地的封建领主，也必须对国王行臣从礼。尽管只是一种形式，但领主的土地和统治权得之于王的局面已经形成。除神之外，国王不必向任何人下跪。

此外，通过婚姻政策及没收等手段，卡佩王朝逐渐扩大了王权直辖领地。卡佩王朝在地理上确定了此后法国国土的范畴。

十字军和甜点的材料

11 世纪后，一直困扰法国的异族入侵基本停止。在教会主导的"神的和平""神的休战"等运动中，骑士之间的内战也得到某种程度的抑制。

教会使基督教徒停止了内部的流血斗争，将矛头转向异教徒。实施这一计划的是十字军（1096 ~ 1270 年）。十字军为了夺回被伊斯兰教徒抢走的圣地耶路撒冷，在教皇的策划下，"基督战士"——即骑士——进行了八次军事远征，但只有第一次获得了成功。那次成功要归功于戈德弗鲁瓦·德·布永（Geoffery de Boullion）等领主率领的以法国骑士为主的部队。1099 年他们征服了圣地，耶路撒冷王国建国。

十字军东征虽然是军事行为，但也伴随文化交流，十字军将许多与饮食文化相关的东西从阿拉伯世界带回欧洲，包括砂糖和香辛料，以及橙子、柠檬、杏等水果。砂糖给欧洲带来了甘甜，关于砂糖的意义，我们将在第 2 章和第 3 章中详细说明。

贵族们喜爱的蜜饯

领主征收小麦、蜂蜜和鸡蛋等贡品，用于修道院制作点心。

贵族也让农民上缴鸡蛋、奶酪和蜂蜜等原料，放进烤炉中烘烤，从而享用到甜点。贵族也渐渐得到一定数量的砂糖。食用甜食是中世纪贵族们的一种特权。

基督教批判暴饮暴食或者贪食，不过那时医学上却认为甜食非常有益。直到 17 世纪，蔗糖[①]都被视为药品，在药店中出售。为了帮助人们消化食物，蔗糖被用于制作鱼、肉和蔬菜菜肴，从中世纪末期，即 14、15 世纪到文艺复兴时期，给贵族的餐桌带去了独特的味道。贵族们使用包括砂糖在内的各种香料，同时大量使用酸葡萄汁（verjus）[②]、醋，以及柠檬、橙子、醋栗、青苹果和酸模的果汁等酸味强烈的材料制作酱汁，做出"酸甜"口味的菜肴。

精英中也开始流行在用餐的最后食用糖衣糖果（dragée）[③]、糖渍生姜，以及用橙子皮做成的糖果（confiserie）。十字军东征后，阿拉伯人很早之前就开始食用的糖果、果酱（konfitüre）、水果蜜饯传入法国，在中世纪末期掀起了一股热潮。

谈到果酱，除了从阿拉伯传入的玫瑰花果酱、香橼（柠檬的一种）果酱、麝香果冻果酱之外，法国人还用西梅、欧洲越橘、小檗等的果实，白芷的茎，以及茉莉花制成果酱。据说果

---

①甘蔗制作的糖。
②用未成熟的葡萄或者青葡萄榨取的汁液。
③将杏仁等用白色、粉色或蓝色等硬质糖衣包裹起来的食物。

酱能够在餐后锁住胃口，帮助消化，当然，也能使人愉悦、高兴。人们常常食用加入砂糖和蜂蜜的果冻状甜点，甜点中还会加入楮梓、茴芹、丁香、麝香等，用以增添香味。

中世纪人们想象中的"乐园"，是各种香料植物繁茂生长的世界，是流淌着蜜和乳汁的土地。餐后甜点也一定包含在对乐园的想象中。

香料面包

那时的蛋糕类食物又是什么样的呢？那就是"香料面包（pain d'épices）"。香料面包是用蜂蜜和面粉（或者黑麦粉）制作的面包，其中充分融合了香料（épice）的香味。这种面包始于11世纪，在中世纪后期的14、15世纪广为流传。1694年的《法兰西学院法语词典》第一次收录了香料面包的词条："用黑麦粉、蜂蜜及香料制作的一种蛋糕。"不过在此之前很久，人们就开始食用了。

据说，香料面包起源于中国，经由阿拉伯世界传到了欧洲，原本由面粉和蜂蜜制成。后来，人们逐渐用黑麦取代小麦，并且加入了香料（肉豆蔻、肉桂、姜、胡椒、麝香等）。法国的勃艮第、香槟（Champagne）、佛兰德斯（Flandre）①等地的香料面包渐渐声名远播。香料面包原本在修道院制作而成，后来逐渐开始在贵族宅邸内制作。

除了享用香料面包，贵族们还雇用了薄煎饼师傅和糕点师，为自己制作精美豪华的糕点。其中，最受人喜爱的是口感酥脆的薄煎饼（一种华夫饼），制作时会用到黄油，并在两片抹了油的热铁板中烤制而成，一般要加入砂糖或者蜂蜜以使口味甘甜，可以称得上是蛋糕的鼻祖。中世纪时，薄煎饼的昵称是"星云""云"或者"天使的面包"，足以看出薄煎饼在当时的人们心中是多么珍贵。

各种各样的烤制点心

翻开中世纪的烹饪书，每一本都出自为王公贵族服务的厨师之手。其中记载了作为附加菜（entremets）②的糕点。中世纪末期的厨师塔耶旺（Taillevent）曾担任法国国王和侯爵的御用厨师，他的烹饪书《塔耶旺食谱》（*Le Viandier de Taillevent*）中，记载了咸、甜两种口味的附加菜，甜味附加菜有面包、干

①中心位于现在比利时的西部，包含法国北部和荷兰南部的一部分。
②在肉菜与餐后甜点之间。

果布丁等。

当然，"锁住胃口"的餐后点心也少不了甜味的。除了烤制的苹果、梨、无花果、葡萄、欧楂和核桃之外，最主要的是糖衣糖果、橙皮蜜饯、梨果子露、榅桲蜜饯、香料甜酒（hippocras）[①]等，还有加入砂糖的小麦牛奶粥和其他烤制点心。书中记载了一种烤制点心，是将苹果、无花果和葡萄干等放在柔软的派皮中，经过烤制或者油炸而成。此外，还有用杏仁奶和米粉制作的布丁。

我再介绍一种由十字军从阿拉伯世界引入的糕点材料"折叠面皮"，它是将小麦粉和橄榄油揉成面团，经过反复延展、折叠后形成的多层面皮，其韧性惊人。法国人认为，十字军战士见过折叠面皮的制作过程后，口述给妻子或者女佣。他们把橄榄油换成黄油，将面皮反复延展、折叠，重复数次。1311年，亚眠（Amiens）主教的证书中提到了用折叠面皮制作的糕点。

不过，制作这种面皮十分麻烦，需要手指极其灵活，法国的主妇们很难完成得很完美。因此，她们立即回归到制作普通的华夫饼和奶油水果塔等。在中世纪，使用水果和奶酪制作而成的奶油水果塔是最常见的点心，每个地区又都有所变化。在后文，我们会一起想象圣女贞德（Jeanne d'Arc）食用的水果塔。

----

①加入香料的葡萄酒。

农业的发达和城市的发展

那时农民们的生活是怎样的呢？11世纪，他们仍然被束缚在领主的庄园中。农奴没有人身自由，由领主提供食物和衣物，他们必须无偿为领主贡献全部劳动。佃户大多拥有人身自由，但很少拥有耕地，只能租种领主的土地。他们向庄园的领主缴纳地租，还必须上缴大量贡品。

农民的生活非常贫苦，常常忍饥挨饿。由于缺乏农具，只能勉强得到相当于播种数量三倍的收获。不过，农业技术的进步不容忽视。在领主的推动下，利用水车进行碾磨的碾磨场得到普及，节约了大量时间。从12世纪开始，人们开荒种地，农田数量急剧增加。与此同时，铁制的大斧头、带有刀头的铁铲、风车等渐次登场，三圃制也开始普及，农业产量得到很大的提高。

到了12世纪中叶，古典式的庄园解体，过去的许多赋税、徭役及贡品都渐渐消失，领主对农民劳动量的要求也开始减少，农民们渐渐可以为自己和家庭从事农业生产了。到13世纪，由于农业生产的增加和耕地产量的提高，法国的人口从一千二百万增加到两千万。

农业的发展促进了人口的"移动"，许多人开始离开自己生活的村庄（小教区），去寻求更大的自由。农业生产的发展也推动了剩余农产品的产生及其交换。许多手艺人开始从事工业生产和商品交换，城市逐渐发展起来，成为进行这些活动的据点。

12、13 世纪，欧洲的城市迅速发展。除了罗马时代的旧城市之外，在主要的城堡和修道院周围，又出现了许多新开辟的街市，渐渐移居来大量居民，形成了新的城市。商人和手艺人为追求利益，活跃在城市里，同行业者聚集在一起，建立了互利互助、管理整个行业的基尔特（行会）。与此同时，新兴的城市要求修道院、主教、伯爵等领主废除妨碍商业活动的通行税、领主审判权以及军事征用等，这被称为"城市公社运动"。

王权的强化和巴黎的发展

在法国，首都巴黎的发展最为显著。在中世纪初期，宫廷的所在地并不固定，常常四处迁移，后来逐渐固定在巴黎，修建了王宫和官邸。此后，巴黎成为行政、立法和司法等各个部门的中枢。12、13 世纪，巴黎就已经成为公认的全欧洲首屈一指的文化和学问之都。

使巴黎真正成为首都的是腓力二世·奥古斯都（Philippe II Auguste）①。腓力二世在与其强大的家臣金雀花王朝（The

---

①也被称为"高贵王"，1180～1223 年在位。

Plantagenet）的斗争中取得胜利，收复了诺曼底等领地。1214年，腓力二世在布汶战役中获得决定性胜利，为日后的发展打下基础。内政方面，他改革行政，增加收入。财政收入的增加使修建新城墙、建造卢浮宫等美化首都的工程成为可能。巴黎同时成为商业中心，许多从事金融业和国际贸易的外国商人来到这里。通往夏特莱裁判所的桥上，兑换所林立。船运商人把货船里的木材、谷物、葡萄酒，以及来自香槟的商品卸到格雷沃广场上。巴黎市长艾迪安·布瓦洛（Etienne Boilau）编著的《同业行会规则》中记载了二百五十个至三百五十个行会的名称，拥有的成员多达五千名。

此后，被称为"圣路易"的路易九世（Louis IX）加强集权统治，并从英格兰国王手中夺得许多领土。更重要的是，他还创办了巴黎高等法院（见第74页）和审计院。他两次参加十字军东征，1270年在北非的突尼斯去世。路易九世之子腓力三世继承王位。腓力四世（Philippe IV，1285～1314年在位）作为卡佩王朝最后一个强有力的国王，进一步加强中央集权统治。为改善国家的财政，寻求新的资金支持，他召集了三个阶层的代表，召开了法国最早的三级会议（见第56页）。同时，他不断与罗马教皇进行斗争，最终把教廷从罗马迁到法国的阿维尼翁（Avignon）。到1378年，历任教皇一直是"囚徒"的状态。

路易九世之后，法国国王都自认为是"十分神圣的国王"，是奉神的旨意管理人间。国王亲信的法学专家为此提供了理论上的支持，使王权得到强化。与此同时，法国的首都巴黎进一步发展，国王的宫廷此后都设在巴黎，孕育了法国文化（包括饮食文化）的精髓。

13世纪的巴黎，已经拥有二十万人口，是西欧首屈一指的大城市，是威尼斯城市规模的两倍。巴黎大学、有名的宗教建筑（圣礼拜堂、巴黎圣母院）等见证了它的辉煌。从12世纪开始，丰富的文化生活以巴黎大学为中心展开。经院哲学、神学以及修辞学等迅速发展。巴黎大学得到法国国王和教皇的庇护，掌握最前沿学问的托钵传教士从欧洲各地聚集到巴黎钻研学问。外国人都惊叹于巴黎的优美景致和舒适生活。

百年战争的危机

然而，与其他欧洲各国一样，中世纪末期，对于巴黎来说也是充满危机的时代。法国在13世纪进入鼎盛时期，到13世纪末，已经没有新的可供开垦的土地。农业生产停滞不前，越来越难养活数量庞大的人口。加上14世纪初期到15世纪末，欧洲又进入天气寒冷的小冰河期，谷物生产受到巨大影响，荒地和森林逐渐增多。瘟疫（黑死病）多次侵袭，1348年，法国

图 1-3　圣灵降临，背景是 15 世纪的巴黎，左边是巴黎圣母院

因此损失了约三分之一的人口。1361 ～ 1363 年、1418 ～ 1419 年发生的两次瘟疫主要侵袭了孩子。瘟疫蔓延，农村人口越来越少，而且他们还会被没有固定收入的雇佣兵掠夺。

　　因为生活困苦，民众叛乱不断发生。具有代表性的是艾蒂安·马赛（Étienne Marcel）领导的市民起义和卡博什起义。1358 年，扎克雷起义（Jacquerie）使法国北部一带受到威胁。

极度贫困的农民们以此向国王的官员和领主表达自己的愤怒。

　　1328年，查理四世（Charles IV）去世，卡佩王朝绝嗣。为了争夺王位继承权，以查理四世的堂兄弟腓力六世为代表的瓦卢瓦（Valois）王朝和与法国王室有亲属关系的英格兰王室发生了战争。这就是"百年战争"的开始，从1337年到1453年，这场战争断断续续跨越了一百多年。

　　在英法对战中，英格兰拥有大型弓箭部队，因此在战略上占据有利地位，屡次战胜在人数上占有优势的法国。特别是1346年的克雷西会战和1356年的普瓦捷之战起到了决定性的作用。普瓦捷之战中，法王约翰二世被捕。1360年，法国签订了屈辱的《布勒丁尼和约》，将法国约三分之一的国土割让给英格兰，约翰二世的赎金也贵得惊人。

　　然而，还未待交清赎金，约翰二世就去世了。其子查理五世经过精心策划，收回了大部分失地。但是查理五世的儿子查理六世罹患疯病，因此勃艮第公爵（查理六世的叔叔）与奥尔良（Orléans）公爵（查理六世的弟弟）发生内讧，法国被分裂，勃艮第公爵也和英格兰一样与法国为敌。法国再次败北。而且，王子查理的母亲称他并非查理六世之子。王子查理的王位继承资格遭到质疑，陷入了巨大的危机。

圣女贞德的成长

就在王子查理占领卢瓦尔河以南的地区时，突然出现了一位少女贞德，她对王子查理继承王位的正统性深信不疑，自称是受神的委派来"拯救法国"的。1429年，一万余人的英格兰军队突袭奥尔良，而此时奥尔良的法国守军不足一千人。是贞德带领两百名援军赶到，解除了危机。奥尔良突围后，法军又在帕提战役（1429年6月18日）中大胜。此后，贞德提议王子查理举行加冕仪式，后者在巴黎东北部的小镇兰斯加冕为王。贞德成了拯救国家的圣女。

圣女贞德驰骋沙场、领兵作战，但当她还在故乡生活时，与别的女孩并无两样。她的故乡是洛林地区一个叫作栋雷米的小村庄。贞德后来被指控为异端，受到审判，并被处以火刑。在她死后，又进行了为她恢复名誉的审判。她出征前的形象也留在了那份审判记录上。

据多位邻居证实，贞德的父母都是农民，家境并不富裕。无论是住在附近的农民，还是上了年纪的老人、同龄的年轻人，大家都很喜欢贞德，她家教良好，天真淳朴，性情温和，积极参加教会活动，对弥撒的钟声非常敏感，总是自信满满。她还常常帮助父母做农活，犁地、照看牲畜、纺线。

这些信息都来自贞德死后进行的"恢复名誉审判"。而在

"处刑审判"中，贞德讲述了村子里的生活，特别讲到了村子附近的一棵神树和树旁的泉水。据说，病人为了恢复健康，便取泉水饮用，之后便能站起身来。康复的病人就都到树的周围去跳舞。还有人在泉水中看到过神仙。贞德说自己没有喝过那泉水，也没有看到过神仙，倒是和其他女孩一起到神树那里玩过，她们摘取树上的叶子为

图 1-4 圣女贞德（15 世纪末的微型人物画）

栋雷米的圣母玛利亚像做花环，还给树枝戴花冠。从中，我们可以看到乡下女孩贞德淳朴的一面。

乡下女孩的点心

很遗憾，我没有找到关于贞德的食物和菜肴的记录。不过，我们不妨想象一下，她会帮助父母做农活，还可以麻利地完成纺线、编织、清扫、洗涤等"女性的工作"，那么她一定也从母

亲那里学会了做饭，并且常常和母亲一起做饭。

从中世纪到近代，农民们的饮食几乎没有变化。除了能吃到咸菜、熏制的培根，再有就是杂粮面包、谷类、豆类、奶酪等粗陋的食物。蔬菜则充当"bouilli"这种杂菜汤的配料，这种汤需要在土锅或者铸铁锅中慢慢炖煮。贵族们的饮食则大为不同，他们食用的是加入了丰富香料烹煮的野味。

农民们虽然吃不上奢侈的饭菜，但在祭祀活动中或者某些纪念日，他们一定会在家中制作、食用一种类似水果塔的点心，是在派皮上放上苹果、梨、葡萄、樱桃、栗子和榅桲等烤制而成。在过去的乡下，苹果或者樱桃的水果塔有着妈妈的味道。

歌谣《乌加桑和尼科莱特》（*Aucassin et Nicolette*，12 世纪末至 13 世纪初）中有这样一节：

> 买吧，买水果塔，
>
> 收在刀鞘里的匕首，
>
> 号角当作短笛，
>
> 口哨用于放牧，
>
> 神啊，请守护少女吧。

15 世纪，伯爵领地埃诺（Hainaut）地区的诗人在其作品《让·德·阿韦纳物语》中描述了女性"夜中集会"的景象。"夜中集会"是指村里住得近的女性们在夜晚聚集到某一人家中，一边聊天一边纺线，只有女性参与的活动。据说，她们的乐趣便是在工作开始和结束的日子吃点心。

女人和姑娘们正是来这里干活儿。一个女人在梳理羊毛，其他的女人在纺线。一个人在织布，另一个人在纺亚麻布。工作的时候，大家一起唱歌……每周第一天和最后一天，她们会带来黄油、奶酪、面粉和鸡蛋。她们烤着火，制作可丽饼（crêpe）、水果塔和其他的点心、面包……大家一起吃点心，伴着风笛声翩翩起舞，之后朗读故事。

多么愉快的女性聚会啊。

三大节日和点心

在本章的最后，我想再介绍一些与基督教相关的点心。此前我们已经讲过，基督教教会原本想要消灭所有异教的习惯，后来意识到这是无法实现的，于是转而给异教习惯穿上基督教的外衣，异教节日摇身一变成为基督教的节日。节日必须要有点心这一想法似乎也是沿袭自异教传统。在此，我只讲三个节日及其点心。

首先是复活节。为了纪念耶稣基督复活，复活节时要吃鸡蛋（Easter egg，复活节彩蛋），也许是因为鸡蛋象征着新的生命吧。点心也是复活节不可或缺的。人们制作月牙形和人形的薄煎饼，分发给孩子和用人们。这大概是受到古代富饶神赐予人类神圣食物的影响。不过，直到 19 世纪，才有用巧克力和砂糖给孩子制作点心的习惯。

中世纪以后，形成了在 1 月 6 日的"主显节"食用"国王饼（gouter de roi）"的习俗。主显节是为了纪念东方三贤士朝拜婴儿基督的节日。14 世纪初期，国王饼就已经形成传统，与夹心糖（bonbon）①一起登上贵族们的餐桌。国王饼中会放进一颗蚕豆或者其他代替蚕豆的小东西。谁在自己分到的那块饼中找到蚕豆或者蚕豆的替代品，谁就会成为"国王"或者"女王"，掌控整个宴会。分饼时，通常要分得比在场人数多一块，那是因为要留出"神的那份饼"。

1649 年 1 月 5 日，奥地利的安妮（Anne d'Autriche）在巴黎王宫（Palais-Royal）分国王饼。蚕豆刚好在圣母玛利亚的那份饼里。于是，奥地利的安妮便代替不在场的圣母玛利亚主持了宴会。用餐结束后，她表示将要颁布分配施舍物的命令。但

①在普通的糖果中间加入利口酒或果汁的糖果。

实际上，她紧接着就和儿子路易十四一起逃亡了。因为那时的巴黎已经因为投石党运动而大乱（见第81页）。

居伊·德·莫泊桑（Guy de Maupassant，1850～1893年）的小说《遗产》中也出现过国王饼。主显节那天，在海军部供职的公务员加士林请同事勒萨波尔吃晚餐。这其实是一场"相亲"，前者想借机把自己的女儿高哈莉介绍给勒萨波尔。晚宴的甜点便是国王饼。分配国王饼后，瓷制的鹰嘴豆出现在勒萨波尔的饼中。当上"国王"的他任命高哈莉为"王妃"，两人由此变得亲密起来。

此外，2月2日的圣烛节是为了纪念圣母玛利亚，在这个日子要点起长列蜡烛。16世纪形成了在这一天制作可丽饼的习惯，17世纪以后这一习惯开始普及。在这一天，人们不仅要烤可丽饼，还要左手拿着金币，右手把烤好的可丽饼高高抛起，如果能接到，预示着这一年财运滚滚。

圣诞节的点心

也许大家会问，圣诞节的点心是什么呢？毋庸置疑，从中世纪开始，圣诞节便成为重要的节日。不过，圣诞节究竟是哪一天？是12月25日还是1月1日，抑或是接近冬至的12月21

日？这在很长时间里都没有定论。但无论是哪一天，这个节日都与密特拉教联系紧密。原本，它是用以区分秋天和冬天的日子，是结束农业生产的依据。但是，很多地方又在这个日子庆祝耶稣的诞生或者祝贺新年。

各地都有在圣诞节制作点心分发给孩子和穷人的习俗。在洗礼时为孩子起名的教父、教母要送给教子人形点心，这一习俗更是普遍。此外，孩子们在圣诞夜挨家挨户演唱祈祷繁荣的歌曲，作为回礼，他们可以得到点心。

19世纪初期，在法国南部的普罗旺斯地区有这样的习俗：年轻男子来到妙龄女孩的家门口，为她演奏乐器。作为回礼，女孩们使出浑身解数，制作最精致、最美味的点心。这些点心被装在大篮子里，在玩笑和戏谑的气氛中拍卖。为了表明自己的心意，男子要不断抬高最爱的人制作的点心的价格，不管她做得多么差劲。厨艺精湛的烹饪师傅们非常不屑于这种做法。

圣诞节这天，团圆饭和点心作为联系家人纽带，曾十分重要。现在在法国（以及日本）非常普及的圣诞树桩蛋糕（bûche de Noël，树桩形状的蛋糕）是在1870年以后才开始食用的，据说由巴黎的糕点师傅首创。

第2章

掠夺的高手——法国

饮用热巧克力的贵族男女。将热巧克力倒进巧克力壶中，用
小棒搅拌出泡沫后饮用（17世纪）

法国对外开放的时期

我们一般将 16 世纪到 1789 年法国大革命之前的法国政治和社会体制称为旧制度（Ancien Régime）。这是绝对君主制的时代，国王拥有强大的力量。不过这一时代也并非一无是处，大革命改变一切的说法有些言过其实。当时，从中世纪开始逐渐形成的国民国家法国得以完善，中央集权持续深化，首都巴黎也渐渐展现出文化都市的面貌。

本章和第 3 章讲到的旧制度时期也可以说是法国的文艺复兴时期。法国从意大利汲取了大量的文化，最终构筑出自己独有的文化。这一时期，法国掀起了对希腊语、拉丁语和希伯来语等原著的研究热潮，拉伯雷（Rabelais）、蒙田（Montaigne）等人的文学和思想作品也问世了。继德国的路德（Martin Luther）之后，加尔文（Jean Calvin）在瑞士也开展了新教运动，对法国产生了影响，法国的宗派对立正是从这时开始的。

我们在序章中提到的法国"精髓"终于开始发挥作用，官方和民众一起致力于在"甜点"上取得成功。正像我在序章提到的,法国在创造自己独特文化的同时,还拥有其他国家没有的"开放性"。不过,在不同的时代,法国却展现出时而开放、时而封闭的姿态。从古代至中世纪初期,各民族相继定居法国,那时的法国自然是开放的。前文也讲过,法国在近现代曾接受了很多的移民。

16、17 世纪是法国大量吸收外来事物的一段时期。在此,我们只选择与"饮食文化"和"甜点"直接相关的内容,从"大航海时代"获取海外物资和宫廷贵族的交往带来的文化输入两方面进行考察。

甘蔗和十字军

砂糖的主要原料是甘蔗和甜菜。甘蔗原产于马来群岛的新几内亚岛,后来传到印度。公元 1 世纪以后,中国的南方地区(广东省),叙利亚、埃及等也开始种植甘蔗,并且掌握了制糖技术。

砂糖传播到欧洲要归功于十字军。出征叙利亚、巴勒斯坦地区的十字军战士在当地建立国家并定居,他们与当地人结婚,在那里生活。他们注意到了当地种植的甘蔗,开始建立种植园

（将原住民和黑人奴隶用作劳动者，大量种植某一种作物的农场），以实现大量生产。这比后来在新大陆建立的种植园更早。此外，意大利南部的西西里岛似乎也在种植甘蔗。但是，早期的种植园生产规模小，仅仅能得到极少量的甘蔗，远远不能满足需求。因此，在 11 世纪末至 12 世纪初，砂糖刚刚进入欧洲的那段时期，砂糖一直被视为香辛料，只供特权阶级使用。

大航海时代的砂糖种植

15 世纪末，为了与亚洲直接进行贸易，欧洲开始远洋航行，而在此之前，欧洲与亚洲的贸易必须经由伊斯兰世界。欧洲人开辟了新航路，发现了美洲新大陆。他们敏锐地洞察到，在新大陆种植烟草和甘蔗等能够获取巨大的利益。

16 世纪初，西班牙人最先在大西洋的亚速尔群岛种植甘蔗。不过，西班牙后来渐渐将重心放到了新大陆金银矿山的开发上，因为后者能够直接带来财富。葡萄牙则开始在巴西种植甘蔗。

甘蔗种植必须在热带严苛的气候条件下进行，要伐去原始森林，开垦土地，而后培育、收割甘蔗，劳动条件极其恶劣。因此，欧洲人从非洲掳掠来黑人奴隶，让他们从事种植园的劳动。所以，砂糖成为权力的象征，不仅因为砂糖稀有而昂贵，也因为砂糖生产需要奴隶劳动，是欧洲在世界范围内进行殖民扩张的结果。法国将位于大西洋的安的列斯（Antilles）群岛作为殖民地，从非洲运来奴隶，经营甘蔗种植园。英国和西班牙也觊觎大西洋诸岛，各国为此进行了数次战争（见第 85 页）。

15 世纪前半期，法国的砂糖消费量比 14 世纪初增长了一倍。从那时起，烹饪书中的糖果和水果塔食谱显著增加。

图 2-1　15 世纪的砂糖商人

百年战争后的法国

英法百年战争是一场历时长久的消耗战，暂时削弱了王权。到中世纪末期，一些向往王权、有强大实力的诸侯削弱了战争带来的影响。他们接受国王的委任，模仿国王的统治机构治理自己的领地，提高了国王的权威。百年战争还促使法国人产生国民意识，使民族主义得到发扬。制度上的变化和国民意识的觉醒催生了绝对君主制。

从13世纪到15世纪，行政机构不断完善。在法国各地，以"执行官的行政、司法管辖区（bailliage）"和"司法总管辖区（sénéchaussée）"等国王代理人的辖区（审判所）为中心，聚集了数十名审判官、书记和警卫人员。在中央政府供职的官员达数百人。同时，王室的官员也在分化，他们组建了大法院、审计院等，国王身边的顾问官，权力越来越大。

国王将第一等级的神职人员、第二等级的贵族代表以及第三等级的城市市民、大学代表召集到一起，召开三级会议。第一次三级会议召开于1302年。此后，每当国王要向臣民寻求关于战争和新税收（王室用钱、分户计算的人头税）的意见时，便会召开三级会议。不过，三级会议从一开始就是国王的咨询机构，而不是来自各个等级的代表陈述意见的议会。1614年召集了最后一次三级会议，之后便迎来了绝对君主制的时代。

战争带来意大利文化

百年战争结束后，法国划定了国界，农村的田地也得到恢复，农业产量再次增加。因为西班牙在小麦、亚麻布、家具等方面依赖法国，所以法国国内的物价持续上涨。土地所有者们收取大量实物贡品，再以高价出售，赚得利润，农民们却几乎赚不到钱。贵族在盈利的同时，开支也很大，他们的欲望渐渐膨胀。

逐渐步入成长轨道的法国在路易十一（1461～1483年在位）统治期间，进一步强化了国家组织和制度。15世纪末到16世纪前半期，法国外交的重心几乎就是与意大利的战争，请大家记住这一点。特别是1521年之后，法国经历了长期而严酷的战争。瓦卢瓦家族声称从祖先处继承了支配意大利那不勒斯王国和米兰公国的权力，与统治神圣罗马帝国和西班牙王国的哈布斯堡家族展开了斗争。这场斗争持续了六十年，法国曾四度征服那不勒斯王国，而后失败。也曾六次征服米兰公国，但也以失败告终。最终，法国放弃了对意大利的野心。

在这场与意大利的战争中，法国是不是一无所获呢？不是的。通过意大利战争，法国认识了意大利灿烂的城市文化，意大利文艺复兴的精华随之传入法国。

参加意大利战争的人们惊异于阿尔卑斯山脉另一侧的所见

所闻，华丽、优美的城市建设令他们瞠目结舌。回到法国后，他们希望将意大利优雅的艺术带回祖国，那些拥有大理石圆柱和雕像的巨大宫殿、配备了喷泉和古代雕像的充满艺术感的庭院都让人神往。他们也从意大利聘请艺术家，但是法国的工匠们还被牢牢地禁锢在哥特式的建筑风格中，他们笨拙且不服从指挥，因此意大利艺术家的工作完成得并不理想。尽管如此，法国的新艺术依然在意大利的影响下逐渐结出了果实。

弗朗索瓦一世（1515～1547年在位）将列奥纳多·达·芬奇（Leonardo Di ser Piero da Vinci）带到了宫中。也是在这一时期，意大利建筑师沿着卢瓦尔河建造了布卢瓦（Blois）、尚博尔（Chambord）、舍农索（Chenonceau）等美丽的城堡。弗朗索瓦一世建造枫丹白露（Fontainebleau）宫殿时，从意大利聘请了罗索·菲伦蒂诺（Rosso Fiorentino）、弗兰西斯科·普里马蒂西奥（Francesco Primaticcio）等人，在建筑、雕刻、绘画、装饰等各个方面接受了意大利的影响。法国的文艺复兴就此开始。

弗朗索瓦一世是第一位把艺术的光辉视为国家荣誉和权力的国王。这种思想影响到后来主张美食外交的国王们。此外，他还意识到殖民地的重要性，拨出了大量的财政预算派人去远征。1534年，布列塔尼人（Bretons）雅克·卡蒂亚（Jacques Cartier）发现了加拿大。

瓦卢瓦王朝的婚姻关系

吸收外来文化的途径不仅限于战争和聘请外国艺术家。自中世纪以来，欧洲各国宫廷之间一直保持着联系，这种传统起到了重要作用。一方面形成了跨越国界的封建主从关系。另一方面，作为一种重要的外交政策，各国各朝都会与和自己有竞争关系的王朝缔结婚姻。直到近世以后，这一政策仍在推行。

这种政策的本意是通过与外国缔结错综复杂的姻亲关系来防止敌对国之间发生战争，但这样一来，继承问题成为国际性问题，反而成为战争的导火索。而通过这种国际婚姻，外国文化频繁传入法国王宫之中。

这类婚姻的代表之一缔结于1533年，即后来的亨利二世（1547～1559年在位）和意大利的凯瑟琳·德·美第奇（Catherine de Médicis）之间的婚姻。凯瑟琳出身美第奇家族。美第奇家族是15～18世纪在佛罗伦萨等地兴起的商人家族，实力雄厚。他们通过银行业聚敛财富，作为资助者庇护了许多人，进而掌握了政治实权，权倾一时。16世纪，美第奇家族的领袖不仅控制了佛罗伦萨，还建立了托斯卡纳大公国。

凯瑟琳的父亲是美第奇家族的乌尔比诺（Urbino）公爵洛伦佐。她与法王弗朗索瓦一世的次子亨利的婚姻，是由当时美第奇家族的领袖、枢机主教胡里奥（后来的教皇克里门七世）

极力促成的。对于美第奇家族来说，与王室联姻为他们带来了更大的权威。而对于法国王室来说，与教廷中极有威望、权势最大的意大利家族联姻，无论在政治策略上，还是在财政上都受益匪浅。

凯瑟琳·德·美第奇和意大利的甜点

从中世纪末期到文艺复兴时期，得益于意大利的厨师着力钻研甜点，甜点飞跃发展，出现了水果羹（pâté）、果酱、糖渍水果和牛轧糖等。

凯瑟琳·德·美第奇出嫁时，许多意大利人陪同她一起来到法国。她虽然只是一名十四岁的少女，却是资深的美食家，食量很大。陪同她的人中有许多厨师。她希望在法国也能重现故乡意大利的美食。陪同人员中还有许多制作甜点和糖果的优秀师傅。

此前很久，意大利的糖果制造就已经很发达了，他们采用"糖霜花饰（pastillage）"的工艺制作糖果，即将加入淀粉的细砂糖和从豆科植物中提取的黄耆胶水溶物混合成糊状，而后进行加工。这种糖果传入法国，并在法国被制成大型糖果，形成了第4章中介绍的装饰甜点（pièces montées）。在凯瑟琳嫁入法国之后，马卡龙、法兰奇巴尼（frangipane）等小蛋糕（petit four）也传入法国。马卡龙是用蛋白、砂糖、杏仁粉等制作的小点心。法兰奇巴尼则是用牛奶、砂糖、面粉、鸡蛋和黄油加热后制成的奶油，有时会加入打碎的马卡龙或者杏仁粉，也可以再加入几滴苦杏仁精华。

图 2-2　凯瑟琳·德·美第奇

此外，海绵蛋糕也极有可能是从意大利传入的。活跃在 16 世纪中期的烹饪大师巴托洛米奥·斯嘎皮（Bartolomeo Scappi）曾为教皇和枢机主教服务，他在著作《烹饪艺术集》（*Opera*）中介绍了萨芭雍（sabayon）的做法。萨芭雍是加入了洋酒的奶油状甜点。在食谱中，他提到了将蛋白泡沫及鸡蛋、砂糖一起打发起泡。

海绵蛋糕是在打发的鸡蛋中加入面粉、砂糖等轻轻搅拌，注入模具后放入烤箱烤制而成。将全蛋和砂糖一起打发起泡的创意很了不起，也成为制作海绵蛋糕的基础。这种甜点先传到德国，又传入法国。

冰淇淋的到来

凯瑟琳·德·美第奇还把另一种非常重要的甜点从意大利带到了法国，那就是冰制甜点冰淇淋。不过这种冰淇淋不是奶油状的，更像冰冻果子露（冰沙，sorbet）。

食用冰冻食物的习惯是从罗马时代开始的。不过冷饮的普及要等到很久之后的文艺复兴时期。大约在 16 世纪初，意大利开始制作冰淇淋（吉拉朵，gelato），在宫廷中受到一部分人的喜爱。冰淇淋在威尼斯、罗马以及佛罗伦萨逐渐惠及普通公民。

冰淇淋也与凯瑟琳一起来到了法国。1533 年，在她的婚礼上，冰冻果子露与众多菜肴一起被端上了宴席，据说这让列席的贵族们大为吃惊。这份果子露使用从挪威峡湾带来的冰块制作而成，其中加入了覆盆子、橙、柠檬、无花果、葡萄干、杏仁和开心果等。1625 年，路易十三的妹妹亨利埃塔·玛丽亚（Henrietta Maria）和英国国王查尔斯一世结婚，冰淇淋从法国传入英国。真可谓是"冰淇淋跟随着贵妇的脚步"。

不过，回过头看看，在 17 世纪之前，似乎占据主流的是冰冻果子露，而并非冰淇淋（现在意大利的吉拉朵也更像是冰冻果子露，而不是冰淇淋）。波旁王朝的太阳王路易十四在位时期（1643 ~ 1715 年），厨师们开始专门制作冰淇淋，他们在奶油中混入砂糖和香料，然后冷冻。从这以后，上流阶级才开始在日常生活中食用真正的冰淇淋。在下一章将要介绍的波旁王朝时期，王公贵族们在装修豪华的凡尔赛宫内，追求与室内装饰同样华丽的美食。作为正餐的附加点心，冰淇淋确立了牢不可破的地位。

除了美食之外，凯瑟琳·德·美第奇还把用餐礼仪传授给了法国的贵族们。比如，她劝说用手抓肉吃的法国"蛮人"使用叉子。大家也许会感到意外，这一时期的法国贵族竟然还没有使用叉子。凯瑟琳还把香水和遮阳伞带到了法国，为当地的时尚做出了贡献。可是，不久之后，法国就忘记了意大利的恩情，大肆宣称，自己才是世界美食和时尚的引领者。

巧克力的秘密

还有一种因王室婚姻被带到法国的甜点是巧克力。这次不是从意大利传入的，而是从西班牙传入的。

巧克力的原料是可可豆。未加工的可可豆称为可可，生长在可可树上。可可经过发酵、干燥和其他的加工处理后成为可可豆。可可豆溶入热水后即成为可可饮料。将可可豆研碎做成可可浆，再经压榨、分离后可以提取出可可豆中的油脂——可可脂。将黏稠的可可浆、砂糖和牛奶（奶粉）混合后注入模具，成型后即成为巧克力。不过法语中没有这种区分，可可和巧克力都称为"chocolat"。

可可和巧克力起源于哪里呢？古代墨西哥人从公元前2000年开始培育可可豆，将可可用作祭神仪式上的饮品。而可可被欧洲人了解是在1502年哥伦布的第四次航海旅行时。那一年，哥伦布的船队在尼加拉瓜（Nicaragua）登陆，他看到了原住民制作的可可饮品，但他并没有产生太大的兴趣。

将可可传播到全世界的是征服者荷南·考特斯（Hernan Cortes），他在1519年征服了墨西哥的阿兹特克帝国（Azteca），目睹了原住民饮用可可饮品。后者将烘烤后的可可豆放置在石板上，用石棒研磨、粉碎成糊状，再将这种糊状物冲水饮用。

阿兹特克人还会加入辣椒，使之成为一种极辣的饮品。这种刺激性的饮品十分灼舌，能够进一步激发人们对羽蛇神（Quetzalcoatl）的崇拜。阿兹特克人在极少数情况下才会做甜可可饮品。喝到可可饮料的考特斯叫苦不迭，西班牙人也承受不了这种辛辣。

大约在同一时期，砂糖大量输入西班牙，便有西班牙人想到在可可饮料中加入砂糖。砂糖中和了可可原有的苦味和辣味，突出了香味，这美味的饮品让西班牙人十分惊喜。西班牙王室在很长时间内保守着美味巧克力的秘密，不外泄。直到1606年，这一秘密从西班牙传入英国，而后迅速传到其他各国。

1615 年，西班牙阿斯托里亚（Astoria）地区的公主奥地利的安妮嫁给了波旁王朝的路易十三，她将西班牙的优雅习惯普及开来，饮用可可的习惯也从法国王室传播到了法国贵族中间。我们在冰淇淋的部分介绍过路易十三的儿子——太阳王路易十四，他的王妃——也是西班牙公主——玛丽-泰瑞丝（Marie-Thérèse-Charlotte de France）促成了巧克力的流行。1660 年，她嫁入法国，一些随行的侍女非常善于制作巧克力。据说太阳王不喜欢巧克力，不过王妃非常喜欢，经常偷偷饮用。巧克力不久就在法国上流社会流行起来。1670 ~ 1680 年，法国人开始在马提尼克岛（Martinique）种植可可树。到 1760 年，法国已经建立了皇家巧克力工厂。在人们夸赞巧克力"有益健康"的同时，批评的声音也逐渐高涨。

巧克力甜点的传播

长久以来，巧克力都以"饮品"的形象出现。直到 1659 年，英国才第一次出现固体巧克力。下面，让我们看看固体的巧克力甜点。

1746 年，梅农的《资产阶级家庭的女厨师》一书第一次印证了巧克力可以作为甜点的材料。梅农是凡尔赛宫中的厨师，为了将自己的技艺传授给巴黎资产阶级家庭的主妇，他写了这本书。在书中，他分门别类地详细介绍了每种材料该如何烹饪，资产阶级要保持身体健康应该食用什么菜肴等。

在关于甜点的章节中，除了各式各样的水果塔和派之外，梅农还重点介绍了各种糖水煮水果（compote）、橘子酱、果酱、糖果和饼干，可以看出他对甜品的研究。书中还出现了"糖渍咖啡和巧克力"和"巧克力饼干"的食谱。

拿破仑建立法兰西第一帝国之后，马提尼克岛种植的可可豆大量流通，巧克力的消费增加，巧克力甜点的制作也越发盛行起来。据说，玛丽·安托瓦内特（Marie Antoinette，1755～1793）最爱吃用巧克力酱包裹的糖果。法国宫廷中，人们将随身携带加入麝香的巧克力视为优雅的习惯。

美食批评家布里亚-萨瓦兰（Jean Anthelme Brillat-Savarin，1755～1826，见第159页）在《味觉生理学》（*Physiologie du goût*）一书中用了很大的篇幅评论巧克力饮品，指出它对健康的功效，并介绍了美味巧克力饮品的做法。书中还介绍到，在法国，巧克力不仅是日常饮品，还以各种形式食用。比如可以加入奶油或冰淇淋中，或者做成巧克力板，还可以放入甜点中食用。

在稍早之前的法国大革命时期，以写情色小说著称的萨德公爵（Marquis de Sade）于1778年在巴士底狱给他的妻子写过一封信，他在信中请求妻子为自己定做一份巧克力蛋糕，并且十分详细地注明了许多条件。

此外，热爱甜点的作家马赛尔·普鲁斯特（Marcel Proust，1871～1922，见第 172 页）在他的代表作《追忆似水年华》（*À la recherche du temps perdu*）中也提到了巧克力蛋糕。在一次茶会上，文中叙述者喜欢的希尔贝特（Gilberto）为他切巧克力蛋糕。作品描述道：希尔贝特从这"威严又温和、让人喜爱的甜点建筑"和这"如同尼尼微（Nineveh）城般的点心""倒塌后的建筑物中，为我拿出镶嵌着红彤彤的水果的一段胸墙，那鲜艳的色彩非常具有东方情趣"。

普鲁斯特的这些描写，充满了异国情趣、爱欲，以及玩味被破坏、被征服事物的喜悦，同时包含了战争和性游戏。也许这些描写适用于所有点心，但我觉得尤其适合甘甜的黑"巧克力蛋糕"。

宗教战争时期

让我们回到更早之前的 16 世纪后半期，那时凯瑟琳·德·美第奇嫁入法国不久，正是瓦卢瓦王朝的亨利二世在位时期。当时，在宗教革命中产生的胡格诺派（Huguenot）新教徒

（Protestantism）与天主教势力发生敌对斗争，悲惨的"宗教战争"持续了很久。

德国的神学家路德在威滕伯格（Wittenberg）发表了九十五条论纲谴责腐败的天主教会。这种新思想（新教主义）迅速传入法国。不过，加尔文在日内瓦创立的加尔文教对法国的影响更大。加尔文虽然拥护路德的福音主义，但是他更重视信徒生活的规律化，主张将之宗教化。此外，他还主张预定论，谁被上帝救赎、谁被毁灭，全由上帝预定。对于他来说，相比于教会和牧师，信徒与上帝之间直接的、个人的相遇更重要。在查理二世统治下的法国，加尔文主义得到了大多数传教士的支持，并且吸引了贵族和资产阶级。从1520年前后开始，新教徒迅速增加，到1562年已经占到了法国总人口的10%。

在法国，信仰世界分成了天主教和新教两部分。在亨利二世和凯瑟琳所生的三个儿子——弗朗索瓦二世、查理九世和亨利三世——统治期间（1559～1589年），宗教战争一直持续，威胁到了国土的统一。

各个阵营都试图争取外国势力的帮助，这造成了更大的威胁。新教徒甚至与英国的伊丽莎白女王达成如下协议：只要能帮助我们，就将百年战争以来的争议领土——1558年法国的吉斯公爵（Duke of Guise）从英国手中夺回的加莱地区划给英国。天主教方面，由吉斯家族和蒙莫朗西家族分别在他们掌管的勃艮第和朗格多克（Languedoc）地区大力推行反新教徒的政策。为了调和两派的矛盾，1572 年，查理九世的妹妹玛格丽特（Marguerite，天主教）与日后创立法国波旁王朝的纳瓦拉国王亨利（胡格诺派）成婚。就在婚礼当天，天主教的吉斯公爵袭击了参加婚礼的胡格诺派贵族。骚乱不断升级，几天后演变为数万胡格诺派被大屠杀（圣巴托洛缪大屠杀）。

混乱一直持续。1588 年，亨利三世命人暗杀了吉斯公爵。1589 年，索邦大学（Sorbonne）神学院举行集会，决议从暴君手中解放法国人民，并提出为了保卫宗教不惜以武力对抗王权。六个月后，修道士雅克·克列孟暗杀了国王。自此，瓦卢瓦王朝结束，波旁王朝开始。

纳瓦拉国王亨利成为法国国王，称为亨利四世。然而，亨利四世曾经是新教徒，因此不被天主教同盟的激进派所接受。1593 年，为了征服法国，亨利不得不改信在巴黎拥有强大势力的天主教。1598 年，就任王位的亨利颁布南特赦令，承认胡格诺派与天主教拥有同等权利，为宗教战争画上了句号。此后，亨利四世在大臣叙利的辅佐下，着手建设，王国渐渐安定下来。

1610 年，亨利四世被狂热的天主教徒拉瓦莱克暗杀。他为儿子路易十三留下了一个相当强大的国家。在经历了无数的艰辛和牺牲之后，绝对君主制终于到来了。虽然国家认可了新教徒的信仰自由，但对胡格诺派的压迫却依然悄悄持续，法国的政治和社会大体上按照天主教的原则向前推进着。

天主教和美食

就这样，法国再次成为"天主教国家"，人们渐渐对美食产生兴趣。欧洲大陆的天主教国家通常认为热爱、追求美食是基督教文明的优良风气和良好兴趣。因此，法国、西班牙、意大利会热情地追求"美食"，而新教国家德国和英国则不然。

新教国家认为，食物只是用来充饥的，会引起食欲的都是不好的。而且，与其在市场上购买昂贵的食物，不如从自己的菜园里获取食物。国家倡导人们食用质朴刚健的食物。烹饪书中也大力倡导饮食的简单和节俭。这与天主教国家将饮食作为社交和好生活的一部分，甚至作为一种艺术的态度大相径庭。

对于天主教国家来说，美食与诚实、礼节并不是背道而驰的，热爱美食与贪吃、醉酒不一样，通过饮食得到简单的快乐有什么错呢？当然，要懂得尺度，并且不可以将追求美食作为唯一的目的。

教会禁止食用过于豪华和考究的食物，也不允许在宴饮过程中过度狂欢。不过这一规定也因社会身份、年龄和性别而有所差异。此外，天主教会很重视社交和礼仪，因此将餐桌作为

图 2-3　天主教精英们自由的餐桌

图 2-4　新教精英们严肃的餐桌

重要的教育场所。他们禁止在正餐之间吃零食、秘密进食，以及暴饮暴食。也就是说，天主教会希望通过用餐和餐桌礼仪，将社会精英培养成仪态大方、彬彬有礼的文明人。

第 3 章

绝对君主制时期的华丽甜品

在舞会上供应甜点

绝对君主制和司法

17世纪对于法国来说是一个伟大的世纪。路易十三和路易十四时代，在黎塞留（Richelieu）、马萨林（Mazarin）和科尔贝（Colbert）等许多名垂千古的政治家（财务长官、宰相）的辅佐下，法国的君权登峰造极。绝对君权的理论渐渐普及，国王的官员掌管地方，抑制了领主的权力。地方长官制度在全国范围内成为常设制度，应用在司法、财政和治安维持等领域。

正义，即司法在国家统一方面发挥的强大作用渐渐显露出来。法国各个地区都有自己的法律，但巴黎的习惯法渐渐成为全国通用的法律。国王的官员也不断更新，富有的资产阶级用财富买得官职，世袭这些官职的"穿袍贵族"又构成了高等法院（Parlement）。

高等法院是法国大革命前法国的最高司法机关，除巴黎之外，在图卢兹（Toulouse）、波尔多（Bordeaux）、第戎（Dijon）、普罗旺斯首府艾克斯（Aix-en-Provence）、鲁昂（Rouen）、雷恩（Rennes）等十二个城市都设有地方高等法院，均发挥着最高法院的作用，原则上，地方高等法院下达的判决不能上诉。执行官的行政、司法管辖区和司法总管辖区相当于初级法院。国王的命令如果不在高等法院注册就不能生效。高等法院有拒绝注册以及向国王陈述意见的权限（建议权）。不过，国王设置了"御临法院"，强迫高等法院同意注册他的命令。地方的高等法院自认为代表地方民意，评定官们与日益膨胀的君主势力频频发生冲突。因此，高等法院既有辅佐绝对君主制的一面，也有与之对抗的一面。高等法院反对一系列君主制改革，这也成为法国大革命的导火索。

国王掌握着绝对的权力，独立于资产阶级出身的穿袍贵族（官职贵族）和自中世纪以来就存在的封建贵族之外，超然地扮演着"调停者"的角色。国王答应了资产阶级商人的要求，推行重商主义[①]，促使金银不断流入法国，物价高涨。资产阶级却兴建豪宅，购置家具，锦衣玉食，过着让贵族们吃惊的奢侈生活，成了穿袍贵族。

---

①重商主义指以获得贵金属为目的的重金主义和紧随其后出现的保护工商业的贸易差额主义。

巴黎的发展和凡尔赛宫

君权一方面掣肘着高等法院，另一方面也充实了绝对君主制的内涵。与此同时，法国的首都巴黎也愈发庄严大气。

雅克·勒梅西埃（Jacques Lemercier，1582～1654）和弗朗索瓦·芒萨尔（François Mansart，1598～1666）使巴黎的建筑焕然一新，展现出王国都城的威仪。巴黎的建筑群规划合理，整齐端庄。在芒萨尔的努力下，法国的建筑终于摆脱了意大利的影响，确立了古典主义风格。宫殿和城堡与大规模的几何学庭院建造在一起。卢森堡宫（Palais du Luxembourg）原本是皮内·卢森堡公爵弗朗索瓦的官邸，由萨洛蒙·德·布罗斯（Salomon de Brosse，1571～1626）设计，后来为了路易十三的母亲玛丽·德·梅迪西斯（Marie de Medicis）进行了改建。巴黎还修建了许多公共建筑和宫殿，以彰显国王的荣光。

这一时期，欧洲盛行巴洛克艺术风格。与注重协调、整齐和完整性的文艺复兴风格不同，巴洛克风格充满了跃动感和对比，表现出富有激情的特征。不过，这一艺术风格主要在意大利、西班牙和德国流行。法国没有巴洛克建筑，即使有也是古典主义的巴洛克。古典主义的建筑风格意图重拾希腊、罗马那种格调高雅的美，宏伟、奢华，又有很强的秩序感。与歪斜、起伏的建筑风格截然不同。

其中最大的成果就是路易十四倾注全部热情建造的凡尔赛宫。凡尔赛宫本是路易十三修建的狩猎用行宫。路易十四将凡尔赛宫加以改造，不仅将其装饰得富丽堂皇，还在原来的基础上增加了两个翼状部分，以容纳王室和宫廷的所有人。而后又用巨大的庭院将这雄伟的建筑包围起来，使之成为一个街区。凡尔赛宫的宫殿部分由芒萨尔设计，庭院部分则由安德烈·勒诺特尔（André Le Nôtre，1613 ~ 1700）召集了许多工匠开掘水路建造而成。勒诺特尔没有修建一座封闭的庭院，而是意图建一座能够极目远眺的开放式庭院。他设计的是一座拥有无限延

图 3-1　建造初期的凡尔赛宫殿

长的中轴、若干对称的水平线，以及可以无限远眺的庭院，利用若干元素达到无限的境界。

从此以后，不同于意大利文艺复兴时期由国王庇护艺术的发展，法国的艺术家们是为了国王的荣光而工作，法国文化也是为了彰显国王的荣光。

法国人不是美食家？

下面要讲到绝对君主制时期的法国菜。我们先从现代的观点考察。法国人一直坚信，自己国家的土地上生产出来的食材和用这些食材制作的菜肴在全世界首屈一指。世界各国的许多人也陆续认为：法国菜最棒。直到现在，依然有无数人追捧法国菜。这究竟是为什么呢？

凡是品尝过的人都知道，法国人的日常饮食并不美味，也不考究。他们常常用冷冻的咖啡做出难吃的炖肉，牛排十分简易，用菠菜和豆腐做的炖菜也极其差劲。曾经的一项调查也证实，所谓法国人拥有丰富的饮食知识和敏锐的味觉，完全是谎言。法国在物产的种类和地方菜传统方面也没有特别之处。

说到法国有着特别高超的传统烹饪技巧，不得不说，法国人完全忘记了在这一点上，其他国家对他们的影响，特别是忘记了他们从意大利人那里学到的无数技巧。如果以制作费工夫、考究作为美食的判断标准，日本倒是可以称得上美食王国。

然而，我们还是能够频繁听到"论美食，还是法国最棒"的说法。也许这么说有些极端，但是不是全世界都被"法国美食神话"欺骗了呢？

作为国家战略的法国菜

不过，撒如此弥天大谎也算得上是一项伟大事业了。在绝对君主制时期，美食成为法国的统治和外交手段。国王和整个法国宫廷追求豪华的菜肴，由此诞生了法国菜，此后群臣效仿，精心制作华丽而丰盛的菜肴。这是一门综合艺术，包含餐桌艺术、摆盘和餐桌礼仪等。通过吸收并融合地方食材和地方菜的长处，制作者在城市（特别是巴黎）中锤炼、整合，做出了中央集权式的法国菜。在路易十四统治下的凡尔赛宫，法国菜成了高级菜肴，并随着法国的对外扩张在国外普及开来。此后，尽管君主制崩坍，但不管是共和制还是帝制，直到今天，法国菜都是法国国家的象征，各个时期的当政者都极力宣传，使法国菜成为外交的王牌。

在绝对君主制时代，一直掠夺别国的法国成为全欧洲憧憬和模仿的对象。这不仅体现在饮食文化上，还体现在庭院建造上。德国的波茨坦（Potsdam）、意大利的卡塞塔（Caserta）和奥地利的维也纳（Vienna）等欧洲各地纷纷效仿凡尔赛宫。法国是古典艺术最杰出的典范，结出了累累硕果，其他国家竞相追随。

法国旧制度时期的国王，特别是瓦卢瓦王朝的弗朗索瓦一世和亨利二世将食物和时尚作为统治的工具，借助自己巨大的政治影响力，召开奢华的宴会，向下属的贵族们彰显自己的权力。波旁王朝的路易十四统治时期，香辛料开始普及，简单的香辛料可以突出原材料的味道。与此同时，人们在食物的色、形、摆盘、器皿，以及餐桌艺术等方面越来越讲究，开始运用所有官能品味菜肴。

路易十四的餐桌到底是什么样的呢？最显著的似乎是国王惊人的食量。四人份的汤，一整只野鸡，再加上一只斑翅山鹑（*Perdix dauuricae*），大盘沙拉，两只火腿，大蒜和肉汤浇汁的羊肉块，还有一盘甜品（甜点）和水果，以及煮鸡蛋……路易十四是帝王，在餐桌上也要显示霸权，必须吃得比任何人都多。这和加洛林王朝的查理大帝没什么两样。不过，这一时期的食物，调味开始变得简单，这是迈向近代菜肴的第一步。而且，食用甜点也是前所未有的。不过，要等到路易十五之后，更为考究和精致的食物才会大量出现（见第99页）。

路易十四的绝对王权

太阳王路易十四是什么样的人呢？1643年，路易十四的父王亡故，那时他才刚刚四岁半，其母奥地利的安妮（见第65页）与马萨林枢机共同摄政。1661年以前，一直是马萨林掌握实权，他继续了路易十三在位时宰相黎塞留主导参与的三十年战争（1618～1648年）。

三十年战争是欧洲各国争夺权益、分化教派（天主教或者新教）的战争。法国虽然信仰天主教，但是出于国家利益的考虑，在战争末期响应新教国家瑞典的号召参战。这场战争使法国财政急剧恶化，随后的增税和经济危机，引起了民众、不满绝对君主制的高等法院，以及贵族的叛乱。其中就有投石党运动（1648～1653年）。三十年战争结束后，根据《威斯特伐利亚和约》（*The Peace of Westphalia*），法国几乎可以得到阿尔萨斯（Alsace）全境和洛林地区的一部分。法国与西班牙的战争一直持续到1659年。根据《比利牛斯条约》（*Treaty of the Pyrenees*），法国又得到了一些领土。路易十四和西班牙公主（喜欢巧克力的）奥地利的玛丽–泰瑞丝结婚（见第65页）。

1661年，马萨林去世，路易十四宣布亲政，不再设宰相。他要求秘书官们完全服从他的要求，没有国王的许可不能决定任何事情。为了让大臣严格服从自己，路易十四甚至在资产阶级中挑选大臣，科尔伯特（Colbert）和卢福瓦（François Michel le Tellier）是其中的代表。重要的决定需要在最高顾问会议上讨论，这个会议只有国王和三到五名大臣参加。另外，高等法院曾经可以决定是否注册国王的命令（见第75页），但在1673年，路易十四规定各级法院不能评议国王命令，无须投票，必须予以注册。地方的三级会议也被取消。他和科尔伯特一起改革审判制度，根据一系列王令和法令，编辑出适用于整个法国的法令集。

地方上的国王代理人成为比以往更加忠诚的国王喉舌，法国各地都臣服于国王的统治。曾经统治地方的高级贵族被禁止拥有自己的军队，且必须在宫廷中生活。不能在自己的领地上供养心腹和支持者，这对贵族来说是一个沉重的打击，此前他

图 3-2　路易十四

们一直通过向心腹、支持者施以恩惠来巩固自己的权力。因为此外，国王不信任世袭官僚，将他们的官职委派给委员们，而国王有权免去这些委员的职位。这些措施使官员们逐渐服从于国王，也从贵族手中夺走了一切政治权力。贵族们在凡尔赛宫中养尊处优，唯一关心的是能否得到国王

的认可。为了从国王那里得到年金，他们常常有超出常规的花钱行为，过着奢侈的生活，以引起国王的注意。

外交和财政

路易十四拥有训练有素的近代化军队，在他统治的前半期，取得了辉煌的胜利。法国在侵略荷兰的遗产战争（1667～1668年）和法荷战争（1672～1678年）中接连取胜，取得了佛兰德斯的一部分和弗朗什孔泰（Franche-Comte）等地区，基本形成了现在的法国国境。此外，法国还通过谈判，或者对以前的条约进行解释，获得了斯特拉斯堡（Strasbourg）等地区。不费一兵一卒就从法律上完成兼并，足以显示出太阳王路易十四的强大实力。

1685年，路易十四废除了亨利四世颁布的南特赦令（见第69页），与新教诸国疏远。路易十四晚年时，西班牙王位继承战争爆发。曾经不可一世的太阳王江河日下，战争结束后签署的《乌得勒支条约》（*Treaties of Utrecht*）遏制了法国的扩张趋势，属于英国的时代开始了。

在经济方面，路易十四亲政后期，由于货币不足，导致经济紧缩，商人和手工业者的活动减少，国家财政也受到了影响。

对于法国来说，1660～1680年是一段形势严峻的时期。因统制经济的需要，科尔伯特严格控制金银的外流。法国建立了皇家工厂，生产哥白林（Gobelin）壁饰和香烟等，并推动和监督民间工厂的发展，在农业方面，奖励种植。然而，财政改革仍一筹莫展。这次危机的主要原因是国王的过度挥霍，以及税制和财务的缺陷。只有一部分商人和小麦投机者在这次低潮中获利。

砂糖帝国的成立

17世纪中期以后，越来越多的人开始对砂糖着迷，砂糖价格也相对亲民。这是因为，与以往相比，砂糖开始大量生产。

要想得到大量砂糖，必须保证奴隶的数量。甘蔗种植在大西洋西印度群岛的种植园中进行。从17世纪末开始，法国开始在安的列斯群岛建立种植园。起初，教皇授予西班牙权利，允许他们从西非调配奴隶，西班牙主导着大西洋上的甘蔗种植。到了18世纪，英国和法国相继开始重视砂糖贸易，争夺欧洲霸权，压制对手经济。法国和英国、西班牙、葡萄牙等国一样，输送大量黑人到种植园，安的列斯群岛很快成为一片"黑人特性（Négritude）"的土地。

1715年，法属安的列斯群岛的甘蔗产量逼近英属安的列斯群岛的产量。到 1730 年，法国的砂糖产业发展迅速，在欧洲市场占据优势。圣多明各（Santo Domingo）的砂糖产量尤其大。在法国大革命前夕，每年有八万六千吨砂糖从殖民地输入法国。如果再算上三万吨走私的砂糖，进入法国的砂糖数量更为可观。

法国产的砂糖价格较便宜，法国将砂糖聚集在大西洋，而后由荷兰及其他北欧船只通过阿姆斯特丹、莱茵河谷和波罗的海等运往欧洲各地，实现了国家间的分工合作。为此，曾经交往甚密的荷兰和英国，关系一度恶化，美国独立战争时，荷兰联合法国，与英国对抗。不得不说，砂糖的力量真大。

就这样，法国的殖民地成了砂糖帝国。当时法国人狂热追求的，除了砂糖，就只有金银等贵金属了。但追求贵金属的狂热与追求砂糖的狂热相比，真是小巫见大巫。法国人苦苦追寻的不是胡椒等香辛料，也不是茶、咖啡或棉花，甚至不是靛蓝染料和可可。而咖啡和可可（巧克力）之所以受欢迎，也要归因于砂糖。

砂糖战争

奥地利继承战争（1740 ~ 1748 年）、七年战争（1756 ~ 1763 年）和美国独立战争（1775 年 ~ 1783 年），也是英国与法国争夺安的列斯群岛的战争。双方不仅在海上发生冲突，比如扣下对方的船只、封堵对方的港口，甚至还企图登陆对方的岛屿。这充分说明了砂糖对两国有多么重要，所以说是"砂糖战争"。甚至在拿破仑时代的欧洲战争中，大西洋上的海战也是围绕砂糖展开的。英法间的对立从1688年（奥格斯堡同盟战争）持续到1815年（拿破仑败北），中间经历了法国大革命，这场旷日持久的战争也称为第二次百年战争，双方大多数时间都在争夺砂糖产业的支配权。

大西洋上的战争与七年战争同时进行。1763年，法国海军败北，被迫选择领地。时任外交大臣兼海军、陆军总指挥的舒瓦瑟尔（Choiseul）选择了珍贵的砂糖岛屿，放弃了加拿大。思想家伏尔泰（Voltaire）热烈称赞了这一选择，"与其花费巨额资金维护和保卫那片冰雪大地，不如去保卫面积虽小却富饶的群岛"。

可以说，18世纪的欧洲都被砂糖征服了。法国大革命爆发的1789年，法国的国际收支为盈余状态，这几乎全仰仗殖民地，即砂糖岛屿的收入。战争中，法国海军的主要任务是保证这些殖民地不脱离法国，为此，他们根据凡尔赛宫的指示，扮演了大西洋使者的角色。来自波尔多（Bordeaux）、南特（Nantes）、勒阿弗尔（Le Havre）等大西洋港口的大商船几乎都在从事砂糖贸易。

咖啡和砂糖的相遇

18 世纪和 19 世纪，法国的砂糖消费量一直在增加，这与喝咖啡的习惯渐渐普及有很大关系。咖啡原产于非洲，后在阿拉伯半岛南部推广。1554 年，咖啡传入亚历山大港（Alexandria）和伊斯坦布尔（İstanbul）。之后，咖啡又传入欧洲，1640 年传到意大利，1652 年传到英国，17 世纪 60 年代到达马赛。咖啡渐渐为人们所饮用。

1686 年，来自西西里岛的弗朗西斯科·普罗科皮奥·德·科尔特里（Francesco Procopio dei Coltelli）在巴黎圣日耳曼（Saint Germain）大街①13 号的法兰西喜剧院对面，开了一家叫作"普罗科普（Le Procope）"的咖啡馆（见第 162 页），这是巴黎最早的咖啡馆，成为巴黎知识分子的聚集地。不过，早期的咖啡只是被当作一种药来饮用，既不加糖也不加奶。

波兰人科尔席兹基将咖啡加牛奶的饮用方式传入欧洲。他原本在土耳其的伊斯坦布尔担任翻译官。1683 年，奥斯曼帝国的军队发动第二次维也纳之围，他来到维也纳。科尔席兹基突破了奥斯曼土耳其军队的包围，将请求援军的重要消息送到了波兰王国。维也纳市内的守军联合神圣罗马皇帝的军队，以及

---

①现在的古喜剧院大街（rue de l'Ancienne Comédie）。

赶来援助的波兰军队，击败了土耳其军队。作为酬金，科尔席兹基收下了维也纳市的礼物：从土耳其军营没收的五百袋咖啡。

第二年，科尔席兹基利用这些咖啡，在圣斯特凡大教堂（Stephansdom）旁边开设了维也纳的第一家咖啡馆。他还想到，将咖啡渣过滤掉，在咖啡中加入牛奶，与月牙形的布里欧修面包①一起享用。加入了牛奶的欧蕾咖啡（café au lait）很快传到伦敦和巴黎。不久之后，甜咖啡开始流行，不仅加入牛奶，还要加入砂糖。布里欧修则是一类面包的总称，即在面粉中加入砂糖、黄油、鸡蛋、水或者牛奶，混合后发酵制成的面包，松软可口，形态各异。

巴黎的咖啡馆越来越多。1716年增加到三百家，1788年达到一千八百家，无论是大革命还是拿破仑帝国都没能阻止咖啡馆的增加。法国大革命前夕，巴黎的市民总数约为六十五万人，大约每三百六十人就有一家咖啡馆。1807年，增加到了四千家。其中，既有平民化的，也有十分豪华的。经常可以看到柜台上摆放着金字塔形砂糖小山的咖啡馆。每一杯咖啡都附带一些摆放在碟子中的方糖，还会附赠细长的面包。

---

①形似牛角面包（croissant）。

砂糖消费的增加

葡萄酒专卖店开始销售加糖的葡萄酒。苏打水店除了供应冰淇淋和冰冻果子露外，还供应糖浆（syrup）、玫瑰干露配制酒（rosolio）①、茴香酒（anisette）②和柠檬水（lemonade）。由于各类饮品中加入的砂糖增多，砂糖的消费量陡然增加。冰冻果子露和冰淇淋的普及也是砂糖消费量增加的重要原因。不仅咖啡馆出售这些食物，在多道菜组成的餐点中，在肉菜之前也会上各种各样的冷饮。

当然，砂糖在甜点中也非常重要。18世纪，果酱、橘子酱和甜蛋糕等相继出现，并逐渐普及。一直以来，穷人们将燕麦粥作为主食。后来，加入砂糖的甜燕麦粥渐渐流行。此外，甜味的派和布丁也开始流行。甜面包也是在这时候出现的。

在这一时期，砂糖从曾经的奢侈品变成深受平民喜爱的日常用品。砂糖也不再是一小部分人特权的象征，其经济价值和意义变得极其重要。欧洲各国都开始追求砂糖，砂糖成为称霸世界的战略性商品。

从17世纪中期开始，用砂糖制作的甜点开始增多。于克塞尔侯爵的厨师弗朗索瓦·皮埃尔·拉瓦雷（François Pierre de la

---

①将玫瑰、橙子等的花瓣泡在酒精中制成的一种利口酒。
②茴香制作的利口酒。

Varenne，1615 ～ 1678）曾在路易十四的皇宫中担任主厨，他凭借著作《法兰西厨师》声名远扬。中世纪以后，法国菜大量使用香辛料，味道浓厚而复杂。该书的主要功绩在于将法国菜从这种哥特风格的香辛料使用中解放出来。除此之外，他还著有《法兰西糕点师》一书（1653年），在这本甜点专著中，他介绍了各种甜点的制作

图3-3　拉瓦雷著作《法兰西糕点师》中的插画

步骤、温度控制等。他创作的甜点中比较有名的是"绝品派"，这种甜点是在杏仁膏（marzipa）上点缀青柠奶油和糖渍樱桃，再撒上蛋白霜（meringue）。

1692年，弗朗索瓦·马夏洛（Franç ois Mashalo）的《果酱、利口酒和水果新教程》出版。书中的食谱与现在的一样，使用很多砂糖。这是第一本带插图的法语甜点书。此后的一个世纪，陆续有许多介绍糖果和冰淇淋等甜点的食谱书出版。促使大量

砂糖输入法国。

砂糖的后来

本章主要讲述 17、18 世纪的历史，不过关于砂糖，我想介绍到 19 世纪。早在 16 世纪，人们就知道砂糖不仅可以通过甘蔗提炼，还可以通过生长在寒冷地带的甜菜提炼。不过，甜菜糖当时没有普及。1806 年，拿破仑为了封锁敌对国——英国的经济，颁布了大陆封锁令，禁止当时处于法国支配下的欧洲大陆各国与英国（及其殖民地）的一切贸易。法国无法得到大西洋的甘蔗，因而开始发展以甜菜为原料的砂糖生产。19 世纪后半期，甜菜制糖产业逐步实现工业化，生产步入轨道，甜菜成为与甘蔗同样重要的制糖原料。

19 世纪，砂糖的使用更加普及，供儿童、妇女食用的糖浆种类增多，还出现了许多混有各种香辛料的糖浆，用珍贵果品制成的糖浆。1845 年，法国人的人均砂糖消费量为 3.6 千克，1858 年为 4.3 千克，1861 年为 6.4 千克，1866 年为 7.1 千克，1871 年增至 7.8 千克。巴黎人的人均砂糖消费更是惊人，1870 年居然达到了 10 千克以上。

最后，我想引用美食评论家布里亚-萨瓦兰（见第 159 页）

的见解。他在《味觉生理学》一书中讲到，砂糖有三种用途：第一，用于甜味的欧蕾咖啡；第二，用于饼干、马卡龙、硬曲奇（croquignole）①、巴巴朗姆酒蛋糕（见第101页）等甜点；第三，用于制作果酱和蜜饯。富裕家庭的主妇每天支出大量金钱用于购买砂糖，甚至超过了面包。

各种各样的奶油

下面，我们来看看奶油的历史。在很长时间里，奶油只用于制作黄油，数量稀少，价格昂贵，难以保存。17世纪，曾经在中世纪风靡一时的酸味酱汁（见第34页）渐渐失宠，含油脂多的酱汁得到了人们的喜爱，于是主厨们开始在国王和贵族的餐桌上使用奶油。它与面粉的作用一样，都是为了增加汤的黏稠度。

前文讲到的拉瓦雷的著作《法兰西厨师》中就记载了打发的鲜奶油，据说路易十四非常喜欢打发的奶油。后来，这种经打发的尚蒂伊鲜奶油（crème chantilly）声名远扬，这是在孔代亲王（prince de Condé）的尚蒂伊城堡中供职的弗朗索瓦·瓦戴

---

①用面粉、蛋白和砂糖制作的曲奇。

尔（François Vatel）的一项革新。17 世纪，甜点的生坯上开始使用鲜奶油。此外，瓦戴尔拔剑自杀的事情也广为人知。据赛维涅侯爵夫人的信件记载，1671 年，瓦戴尔在孔代亲王主办的大型宴会上担任负责人。宴会当天，他预感到做菜用的鱼类和贝类不能按时送达，宴会会因此以失败告终。万分悔恨下，他三次用剑刺向自己的身体。然而，就在他自杀后不久，鱼类和贝类就送到了。

据说，在马夏洛的《王室和资产阶级家庭的厨师》（1691年）一书中，第一次出现了用蛋黄和砂糖制作的卡仕达酱（糕点奶油，pastry cream）。不过，他的食谱中，卡仕达酱没有加糖，也许当初的卡仕达酱不仅用于甜点，也用于做菜吧。

18 世纪，奶油因冰淇淋（见第 62 页）而流行开来。前面讲到的"普罗科普"咖啡馆就以"尚蒂伊冰淇淋"而闻名（见第163 页）。在《资产阶级家庭的女厨师》（见第 65 页）一书中，梅农列举了许多种用于制作甜品的奶油。比如"草莓奶油""覆盆子奶油""发泡奶油""葡萄牙风奶油""加入草莓和覆盆子的发泡奶油""女王大人的奶油"，等等。

奶油受到极大欢迎是在 19 世纪。奶油是从牛奶中分离出乳脂肪制作而成的。1879 年，有人发明了奶油分离器，可以更快速、更有效地获得奶油。在此之前，需要在低温环境下将牛奶静置二十四小时，然后用长柄勺滤得表层的脂肪球。

弱女子和甜点

自古以来，许多社会都有向女性赠送甜食的习惯。因此，产生了一种观点，即甜食、砂糖等是属于女性的。比如，1568年，梅斯市（Metz）向年轻的查理九世和其母凯瑟琳·德·美第奇赠送了布拉斯李（Mirabelle plum）蜜饯。1678年，梅斯市又向路易十四的妻子——奥地利的玛丽-泰瑞丝赠送了一百箱果酱和七十箱去皮的布拉斯李，以及三十箱白色覆盆子。

美食家格里莫（Grimod，见第158页）的著作《美食家年鉴》出版于19世纪初，书中称赞了巴黎糖果店的创造性，这些糖果店开发了新品夹心糖，可以供男性在新年时送给女性。夹心糖被赋予了意味深长的名字，诸如"君之魅力糖""诚实糖""缪斯糖""爱之小睡"，等等。这种将糖果作为礼物赠送给女性的习惯一直延续至今，演变成在情人节送礼物给女朋友。不过，到了日本，却变成了女性送给男性礼物。

法国人认为，在家里，制作甜品是女主人的工作，不应该交给女仆或者厨师。17、18世纪，如果突然有亲戚或者朋友造访，女主人若能将自己精心制作的高档果酱摆上餐桌，便是身为主妇的骄傲。

法国的甜食、甜品与女性关系紧密。但另一方面，法国人认为女性没有真正的鉴别美食的能力，根本成不了美食家或者葡萄酒专家。格里莫和布里亚-萨瓦兰也完全否认女性在美食领域的能力。法国人认为，唯独甜食是女性所精通的，她们与孩子共同拥有这种饮食上的偏好。精美的甜品能够取悦女性和孩子，他们都是柔弱、不成熟、不完善的人。

萨布雷侯爵夫人

　　在这一点上，萨布雷侯爵夫人（marquise de Sablé，1598～1678）的例子很有名。萨布雷侯爵夫人的父亲库尔唐沃（Courtenvaux）侯爵是法国元帅、路易十三的家庭教师。丈夫萨布雷侯爵于1640年去世后，她便与朋友圣摩尔（Saint Maure）伯爵夫人住在巴黎的皇家广场（Place Royale，现名孚日广场），开办了文学沙龙。她留下的众多箴言也为人所知。1655年，她隐居在皇家港口修道院（Port-Royal-des-Champs），直到1678年去世。

　　萨布雷侯爵夫人最有名的事情是筹备了法国最出色的餐桌。她钟爱甜食这一点更是为人所津津乐道。即使隐居在皇家港口修道院，她也依然喜爱美食。她命人在修道院中另建房子，在那里举行文化气息浓郁的美食宴会，宴请修道院长、侯爵夫妇和伯爵夫妇等贵族，以及文学家。她制作了极为精美的果酱、蜜饯和炖菜。她不断发明各种咸味或甜味的点心，强烈批判《法兰西厨师》中的食谱，自认为是世界上味觉最敏锐的人。

侯爵夫人自诩为美食家的做派，让人对她的从善之心和虔诚心生疑虑。特别是她对甜食的喜爱，让人怀疑她性欲旺盛。因为人们认为，特别喜爱甜食是性格软弱的象征，而对食物的爱好能轻易转移到性爱方面，即从食欲到性欲的迁移非常简单。人们认为，"软弱"的女性不仅身体弱不禁风，道德方面也柔弱无力，这是一个歧视女性的时代。

具有黄油风味、甜味浓郁的萨布雷曲奇正是得名于萨布雷侯爵夫人。据说，路易十四拜访夫人时吃到这种烤点心，十分满意，就以夫人的名字来命名，同时也是为了感谢喜爱甜点的夫人召开了沙龙茶会。

巧克力和女性

巧克力饮品与感官、安乐、快乐联系在一起。当时一般采用西班牙式饮用法，即用水或牛奶将可可融化，加入砂糖、榛仁粉和杏仁、香草、肉桂、鸡蛋等使之变得黏稠，然后放入巧克力壶中，用附赠的小棒搅拌，起泡后饮用（见第 2 章篇章页）。然而，当时黑色的巧克力却被认为是一种几乎能让女性昏厥和

图 3-4　清晨在卧榻上饮用巧克力（意大利的绘画）

淫秽靡乱的饮品，与色欲相关。

　　实际上，在 17、18 世纪，巧克力在参加宫廷和贵族沙龙的女性中非常流行。赛维涅夫人在给女儿格里尼昂（Grignan）夫人的书信（1671 年 2 月 11 日）中写道："你的身体似乎不太好，可可也许能有疗效。不过，你好像没有巧克力壶。关于这件事我已经想过无数次了。你打算怎么办呢？"在 10 月 23 日给女儿的信件中，她又惊恐地表示："一位夫人因为喝了太多巧克力，生下一个很小的孩子，那个孩子像恶魔一般乌黑，出生后马上就死掉了。"

细腻时代的美丽食物

17、18 世纪，意大利文艺复兴时期的饮食传统逐渐衰退。这一时期高奏凯歌的是法国的王宫菜肴和饮食文化。

法国人渐渐成为欧洲高雅社交和礼仪的先锋，厨师也为自己精湛的技艺而自豪，备受称赞。从中世纪到文艺复兴时期，饮食方式发生了极大的变化。而让饮食更加优雅轻快、实现质的飞跃的却是法国厨师。到了 18 世纪，盘子和菜品的数量都有所增加，不过菜量却变少了，口味也越发纯正和清淡。此前，烹饪时都要使用大量的香辛料。17 ~ 18 世纪，法国人主要使用胡椒、丁香和肉豆蔻这几种香料，曾经风靡中世纪的小豆蔻、荜拔、藏红花、肉豆蔻种衣、高良姜渐渐从法国人的餐桌上消失。人们开始仅使用一两种香料来调节口感。

新式的菜肴注重颜色的相互呼应，让人从视觉上就能感受到香气。眼睛在鼻子之上，因此人们开始认为美丽的颜色和形状比香气更重要。中世纪贵族餐桌的血淋淋和野蛮不见踪影，取而代之的是细腻的女性风格。

18 世纪，人们开始喜爱细腻柔美、具有女性风格的淡淡香气，以及有如新鲜空气般的植物香气。刺鼻的气味、动物的气味受到排斥。灵猫、麝、琥珀制成的香水味曾经弥漫在巴洛克时代的空气中，此时却成了"恶臭之物"。18 世纪是知性优雅的女性时代，也是植物的时代。因此，这一时期的甜点飞速发展也绝非偶然。

拥有清香的气味、甜美的味道、美丽的形状和颜色，甜点和蛋糕才是与那个时代最搭配的食物。糖果、果酱、糖水煮水果、焦糖、牛轧糖等的精致和考究程度前所未闻。厚重油腻的肉食被精英们从餐桌上驱逐。气味强烈的奶酪、大蒜、卷心菜和洋葱被认为能引起呕吐，遭到排斥。

正餐之后，精英们还会聊些风雅的话题，甜点则将这种热烈的气氛推向高潮，它与豪华的沙龙和绅士范儿最匹配。甜点的精致可以彰显贵族阶级与卑微平民之间的不同。高贵的女性还会要求使用精致的餐具。人们将不同形状的水晶、陶瓷、银制以及搪瓷餐具用于盛装各种蛋糕、曲奇、冰淇淋、糖水煮水果、蛋白霜、果冻、夹心糖、慕斯。伴随着甜点的发展，餐桌艺术繁盛起来。

17世纪后半期到18世纪是女性的时代，宫廷中掌握实权的不是国王，而是国王的宠妾。因此，虽然仍有人批判女性是"甜食爱好者"，轻视女性，但很多男人乐于屈服于这些掌权女性的权威。不久，掀起一股"将甜点变成餐桌艺术之花"的潮流，曾经被轻视的女性成了餐桌上的女王。

宠妃蒙特斯庞夫人的努力

凡尔赛宫中曾有过许多熠熠生辉的美丽王妃和宠妾，下面我要介绍其中最有名的三位，以及她们与甜点之间的轶事。

首先是路易十四的宠妾蒙特斯庞夫人（1641～1707）。她作为玛丽－泰瑞丝王妃的侍女进入宫廷。为了取代前任宠妾露易丝·德·拉·瓦里埃尔（Louise de La Vallière），她做出了各种努力。在当时的宫廷里，人们认为瘦弱的女性看上去很穷困，因此不受欢迎，丰满圆润才是健康的象征。越来越多的人期待瘦弱的露易丝立刻就从国王的寝室里离开。蒙特斯庞夫人则非常丰腴，酷爱美食。她就是因为食用当时刚刚开始流行的甜点而发胖的。为了抓住国王的心，她精心制订了策略，食用糖衣糖果、糖等甜食也是策略之一。

她取得了成功，得到了国王的宠爱，并生育了七个孩子。然而，此后她继续发胖，最终胖得像一头猪或者说是鲸鱼。也许正因为如此，国王最终移情曼特农夫人（Marquise de Maintenon）。蒙特斯庞夫人离开宫廷，去了修道院。

蓬帕杜夫人和玛丽王妃的食物之争

接下来介绍路易十五的宠妾蓬帕杜夫人（Madame de Pompadour，1721～1764）和玛丽王妃的故事。我们先从玛丽王妃的父亲莱什琴斯基说起。

斯坦尼斯拉斯·莱什琴斯基（Stanislas Leszczynski，1677～1766）是原波兰国王。18世纪，波兰发生了王位继承战争，由于列强的干涉，莱什琴斯基逃亡至南锡，成为洛林公爵。他不仅喜爱美丽的建筑、金银工艺、瓷器和庭院，还是有名的美食家，是甜点历史上不可或缺的人物。

他将咕咕霍夫（见第105页）改良为巴巴朗姆酒蛋糕的故事也为人所熟知。为了使口感更好，他放入了葡萄干，加入甜葡萄酒以使口感柔软湿润。为了区别于咕咕霍夫，他将咕咕霍夫的锯齿状改成表面光滑的圆筒形。脱模之后洒上朗姆酒

图 3-5　斯坦尼斯拉斯·莱什琴斯基

并用火点燃，或者浸入朗姆酒的糖浆后食用。据说，因为莱什琴斯基爱读《一千零一夜》，尤其喜欢其中的"阿里巴巴"，因此将蛋糕命名为"巴巴"。此后，曾在斯坦尼斯拉斯国王的宫廷里任职的一位厨师施特雷尔（Stohrer）记住了食谱，在巴黎的蒙特吉尔街（Montorgueil）51 号开店出售，成为名产。作为巴黎最有历史的甜点店，这家店现在还在营业。此外，莱什琴斯基与玛德琳蛋糕（madeleine）的诞生也颇有渊源，这一点我将在第 5 章介绍（见第 172 页）。

莱什琴斯基的女儿玛丽嫁给了路易十五。然而，路易十五有宠妾蓬帕杜夫人，因此玛丽得不到国王的宠爱。莱什琴斯基命令自己的厨师开发了一款馅饼，将做法教给玛丽，希望通过美食挽回路易十五的心，但终究还是失败了。蓬帕杜夫人的魅力可不是小花招能匹敌的。玛丽要求那位厨师做出"更小的东西"，于是皇后酥（Bouchee a la Reine）诞生了。

莱什琴斯基酷爱甜点，除了巴巴朗姆酒蛋糕外，他还发明了很多种甜点。有人认为，他通过玛丽将这些甜点传到了凡尔赛宫和巴黎。

蓬帕杜夫人的魅力

蓬帕杜夫人不仅是一位绝世美女，还是一位理智聪慧、审美出众的女性。她是卓越的音乐家，会弹钢琴，还常常演唱歌剧和当时的流行歌曲。玛丽王后很嫉妒她，但蓬帕杜夫人却不忘对王后表示敬意，常常恭敬地赠送给王后美丽的花束，王后也渐渐地达观。在后来的岁月中，蓬帕杜夫人凭借与国王的亲密关系，开始插手政治，包括外交和战争等，这在一定程度上导致国王疏远她。

蓬帕杜夫人常常在国王赐予自己的城堡中举行宴会，并且登台献唱。在她的庇护下，艺术家和文人雅士都前来参加。值得注意的是，她与启蒙思想家（philosophe）们交往甚密。特别是她与伏尔泰的交往更是为人们津津乐道。伏尔泰作为开明的思想家，反对一切狂热信仰的行为，热烈拥护理性和批判精神，积极推进启蒙思想，成为大革命思想界的宠儿。据说伏尔泰似乎胃不太好，每天都要喝好几杯加入巧克力的咖啡以使头脑

图3-6　蓬帕杜夫人

清醒，他特别喜欢用各种水果，尤其是具有异国情调的水果做成的甜品。

蓬帕杜夫人体寒怕冷，路易十五曾说她"像黑海鸭一般"。此外，虽然她十分美丽，却是性冷淡，在性行为中完全体会不到愉悦，她为此感到不安。为了不失去现有地位，她努力想要治好性冷淡。她的侍女胡塞特（Hausset）夫人在回忆录中写到，蓬帕杜夫人在早饭时喝的咖啡，加入了相当于普通咖啡三倍之多的香草和龙涎香。蓬帕杜夫人也许想采用饮食疗法，但是要满足精力旺盛、放荡不羁的国王想必是极其困难的。

玛丽·安托瓦内特喜爱的咕咕霍夫甜点

最后要介绍的是在日本也很受关注的玛丽·安托瓦内特。她是奥地利女王玛丽亚·特蕾西亚的女儿，十四岁时嫁给了当时的王储、后来的法国国王路易十六（1774～1792年在位）。她是一位悲剧王后，与丈夫一起被送上了断头台。

这位出生在维也纳的法国王后是一位超级甜点爱好者。在她嫁入法国时，不仅从奥地利带来了许多甜点，还把维也纳的甜点装饰技术带到了法国。据说，每当她思念故乡的时候，就会饮茶并品尝故乡的甜点。她最喜欢的甜点就是咕咕霍夫。这种甜点呈稍微扭曲的圆锥形，中间有空洞。前面我介绍过，莱什琴斯基以此为基础创造了"巴巴朗姆酒蛋糕"。在奥地利和波兰，咕咕霍夫自古就为世人所熟悉。它与玛丽·安托瓦内特一起来到法国，在 18 世纪后半期红极一时。据说玛丽·安托瓦内特还喜欢吃可颂面包（Kipferl）和布里欧修面包。

光的世纪

18 世纪是启蒙时代，法语称之为"光的世纪"。这是知识开放、思想开明的时代。这一时代，机械文明开始兴起，出现了煤油灯，夜晚也明亮起来。明亮的灯光给人们的感官以巨大的影响。18 世纪是女性的时代，也是光的时代。

餐桌上也有了变化，这一时代的餐桌重视视觉感受，美丽的甜点成为餐桌的点缀。小巧精致、如宝石一般璀璨的糖衣糖果十分受欢迎，路易十五及其宫廷大量消费糖果。据说商人佩克因此积累了一大笔财富。

18 世纪的巴黎有许多糖果店，成千上万的贵族和资产阶级想用这甜美的宝石来装饰餐桌。隆巴街更是成为法国糖果制造的摇篮，诞生了好几家大型的糖果店。

第4章

催生革命的繁星般的甜点师

卡莱姆制作的装饰甜点（古罗马瀑布）

王权的阴影

在绝对王权下，以宫廷中优雅的女性为中心，法国甜点开始称霸世界。不过，法国甜点若想真正代表法国，就不能只属于特权阶级，它首先要成为市民的甜点。是的，它必须经历法国大革命这一动乱。

太阳王路易十四的曾孙路易十五继承了王位，他在位的时代，法国文化仍然灿烂辉煌。1723 年，路易十五开始亲政。忠诚的弗勒里（André Hercule de Fleury）宰相辅佐路易十五直至 1743 年去世。路易十五统治时期，法国国土扩大，上一章介绍过的原波兰国王斯坦尼斯拉斯·莱什琴斯基，即路易十五的岳父将洛林交予法国。1766 年斯坦尼斯拉斯去世，洛林地区成为王属领地。1768 年，热那亚将科西嘉岛转让给法国。

但是，另一方面，法国也失去了一些领土。七年战争中，法国败给了英国，在海外失势，特别是不得不放弃了北美大陆的加拿大，并且将印度的许多领土让给了英国。英国在西班牙继承战争中就已经呈现出在海外扩张中的优势，此时，英国的优势地位已成定局。

凡尔赛宫中穷奢极欲的生活和松散的财政也产生了恶果，法国的最大问题是长期的财政困难。因此，国王对金融资本家和经济界的领袖言听计从。统治机构麻痹，高等法院与王权对立。改革不顺利，到了路易十六时期，这成为绝对王权的危机。

中央集权尚未完善，特别是经济方面漏洞较多，各个地区都有各自的海关，度量衡也没有统一。这正是法国落后于英国的原因。虽然国王的代理人负责管理征税，但各个地区的征税方式不尽相同。弗朗索瓦一世之后的历代努力付之东流，法国各地就连法律都不通用。

资产阶级与民众的不满

路易十六生活在充满阴谋和派系斗争的宫廷中，他的政策意志不明确，懦弱无力。这时，旧制度时期的矛盾已经达到了不可调和的程度。1787 年，为了解决财政危机，国王实行了改革，对此前拥有免税特权的第一等级（神职人员）和第二等级（贵族）征税，法国要实现近代化，改革势在必行。然而在特权阶级的反对下，改革没能顺利进行下去。

在对外关系中，来自英国的压力不断增强。之前我们说过，法国在砂糖生产方面超过了英国。但此后，英国完成了工业革命，工业制品的出口领先于世界其他国家。为了对抗英国，法国援助了美国的独立战争，结果只是掏空了国库，在外交和贸易方面没有任何好转。

被选为财政大臣的杜尔哥（Anne Robert Jacques Turgot）致力于解决国内的关税问题，正是这一问题导致法国在工业革命中落后。同时，他还致力于扫清谷物交易中的全部障碍，以实现市场和流通的自由化，他甚至废除同业行会和师徒制度以实现经营的自由。然而这些改革遭到了特权商人和宫廷贵族等既得利益者的强烈反对，最终失败了。

改革也使农民受苦。实行了对资产阶级有利的改革后，一部分农民和手艺人由于无法适应灵活的流通机制，成为流浪者。谷物交易实现部分自由化后，在频繁爆发的饥荒中出现了买断的现象，加剧了粮食不足的状况。至于允许耕地变成牧场的法令，更是令农民们无法忍受。这样一来，原本对国王充满敬意的农民开始心怀不满。他们开始认为封建领主收受农民的进贡是不正当的榨取。为了让领主放弃领主权，农民们发动叛乱，还与国王的"农业改革"唱反调。

另一方面，启蒙思想家和英国经济学家的新思想开始在资产阶级中间传播。思想家们严厉批评波旁王朝的身份等级制度。

伏尔泰、写作了《论法的精神》的孟德斯鸠（Montesquieu）、百科全书派代表人物狄德罗（Diderot）、达朗贝尔（d'Alembert）、卢梭（Rousseau）都将不平等视为最大的恶，他们的思想从根本上颠覆了支撑绝对王权的政治理念和社会规则。1751～1772年编撰的《百科全书》赋予所有知识新的形式和构造。特别是《科学技术解说百科词典》，用精细的插图和文章对农用机器、制作机器、纺织机等进行说明，当然也有甜点制作工具的图解。

资产阶级作为产业的新旗手逐渐崛起，他们受到启蒙思想家的影响，对自己的政治权利受到限制感到不满。他们反对贵族特权，也批判赋予贵族特权的王权，要求建立适应资本主义发展的自由的政治制度和社会体制，即君主立宪制，废除封建制度。

普通民众和资产阶级同属第三等级，在要求废除贵族免税特权和领主裁判权等封建特权方面立场一致，但除此以外的利害关系却并不完全一致。因此，两者时而联手，时而对立，使此后的革命发生动摇。

从巴士底狱事件到君主立宪制

1789 年 5 月，为了寻求解决方案，路易十六召开中断了

175 年之久的全国三级会议，但是各等级并未达成协定。6 月 20 日，第三等级的代表们为了对抗国王封闭国民议会会场的措施，在旁边的网球场举行集会，宣誓不制定宪法绝不会解散。他们得到了一部分神职人员和贵族的帮助，没有使用暴力便在两个月内结束了绝对君主制。

由于经济危机，面包价格大幅上涨，再加上国王调集大量军队到巴黎周围，使得民众对君主制完全绝望。7 月 14 日，绝望的民众攻占了巴士底狱。巴士底狱事件成为法国革命纪念日和三色旗的起源。接着，在 7 月底，传闻贵族要实施阴谋，夜贼要发动袭击。这些传闻不断扩散，引起民众恐慌，史称"大恐慌（Grande Peur）"。以此为导火索，人们放火焚烧领主的宅邸，开始在各地针对封建特权进行斗争。为了平息这场斗争，8 月 4 日晚，自由主义贵族和他们的同盟议员投票决定废除封建特权。这一决议标志着旧制度的终结。8 月 26 日，《人权宣言》颁布，法律面前人人平等，以及对专制政治的反抗权成为新的社会准则。但是，真正的人人平等却要在此之后很久才实现。

路易十六为了争取时间，迟迟不批准《人权宣言》和废除封建制。10 月 5 日和 6 日，大量群众进军凡尔赛宫，国王不得不承认法令，与此同时，国王一家被迫来到巴黎。12 月，路易十六改革行政制度，废除了原有的拥有特权的州和地区，重新划定了 83 个面积、财富、人口基本相当的省。在革命的最初阶段，自由主义贵族和上层资产阶级起到了主导作用，他们废除旧制度时期的遗制，修订法律，为设立君主立宪制不懈努力。

共和政体的开始和罗伯斯庇尔的独裁

　　以自由主义贵族为中心的君主立宪派不希望再次发生革命，以资产阶级为中心的吉伦特派却期望废除君主制，建立共和政体。不久，这两个派别便完全对立。在此期间，国王一家试图逃往王后玛丽·安托瓦内特的老家奥地利，但以失败告终，失去了国民的信任（瓦雷纳出逃）。国内的反革命势力联合奥地利等外国势力，意图摧毁革命，促使吉伦特派掌握了政权。吉伦特派向奥地利宣战，但却允许敌军入侵国内，使法国陷入危机。这时，站出来保卫革命成果的是民众。1792 年 8 月，他们推翻王权，法国第一次战胜了敌军，建立了共和政体。

　　这些民众被称为"无套裤汉（sans-culotte）"。无套裤汉意为"没有套裤的人"，因不穿富有阶层才穿的短裤（culotte）而得名。激进派议员集团山岳派得到无套裤汉的支持，在议会中取代了偏向资产阶级的吉伦特派，掌握了实权。领导山岳派的是罗伯斯庇尔。在无套裤汉的压力下，1793 年，山岳派将吉伦特派从议会中驱逐。1793 年 1 月，路易十六被送上断头台。

为了维持政权，山岳派尽力满足巴黎群众的一些要求。他们完全废除了自中世纪以来的封建特权和领主制度，制定宪法承认所有成年男子均享有选举权（但是延期实施），对抗国内的反对派，保护革命。这一时期，全欧洲结成同盟包围法国，阻止革命。为拯救被国境线上的反动联合军威胁的共和国，山岳派付出了艰苦卓绝的努力。

　　但是，山岳派实行独裁统治，强制推行政策，对许多反对派处以极刑，实行恐怖统治。结果，在战胜了国内外的反革命势力，消除了危机后，山岳派招致资产阶级和群众的强烈不满。1794 年 7 月 27 日发生热月政变，山岳派政权被推翻。

法国革命的意义

　　山岳派失败后，资产阶级再一次背离群众，革命逐渐走向保守，以期维护一定的革命成果。1795 年，由两院制议会和五名督政官组成的督政府（Directoire）成立，持续到 1799 年，在此期间经历了一系列的选举和政变。

　　革命后，旧制度下的贵族特权和封建制被废除，农民无须再向领主进贡，手艺人也摆脱了同业行会垄断带来的不利。在法国，长达数世纪的君主制未能实现真正的国民统一，革命实现了这种统一，或者说为统一奠定了基础。大革命极为重要，它改变了法国人的生活方式。但是，最初的阶段是彻底的资产阶级革命，只有实业家和企业领导富了起来。1793年制定的宪法最终并未施行，农民和手艺人要改善境遇、获得权利，必须经过进一步的革命（1830年的七月革命和1848年的二月革命）。

来自外国的强大压力和阻碍也一直存在，法国人选择依靠拿破仑的军事独裁与之对抗。1799年的雾月政变持续了十八天，它与1804年成立的第一帝国密切相关。不过，不管是帝政还是此后的王朝复辟，都是由资产阶级支撑的，法国并没有再次回到旧制度时代。

法国革命也改变了地理和国土的意义。革命前，法国的行政区划使用的是诸侯领地的界限。革命后，省的数量由1789年的八十三个变成九十六个，外加四个海外省，这些省均以河流、山川（阿尔卑斯、比利牛斯）等自然地理特征来命名。这比之前特权阶级人为设定的国家和地区区划更自然，也使各省植根于当地的土地。这也直接催生了19世纪历史学家们执着构想的法国国土和"法国精髓"（参考序章）。各地都有各自的精髓，它们共同构成了法国的精髓。

餐馆的发展

法国革命后，贵族大多没落，许多市民富裕起来。此前供职于贵族宅邸的厨师如果能够再次找到地方（贵族的家庭）就职自然很好，找不到的便自己在城里开餐馆。比如，波旁家族旁系、尚蒂伊城主孔代亲王在巴士底狱被攻陷后逃亡国外，厨师们不能与他同行。孔代亲王以追求美食著称，厨师众多，其中的核心人物——罗伯特在黎塞留大街 104 号开了家真正的餐馆。同样，国王的弟弟——普罗旺斯伯爵（后来的路易十八）的厨师长布维里尔（Beauvilliers）也在革命后开起了餐馆。他开店的地方是日后成为美食中心的瓦卢瓦拱廊，位于巴黎王宫（见第 162 页）附近的豪华一角。据说这是家华丽而舒适的顶级餐馆。

这一时期的巴黎有记者、外国间谍和使节，以及议员等，他们中许多都是单身汉，这些餐馆能够满足他们在外就餐的需求，非常方便。能够根据自己的预算和身体状况从菜单中自由选择喜欢的食物，在店面营业时间内自由选择就餐时间，这些都是划时代的。在此之前，人们只能在一张大桌上，在特定的时间食用特定的食物。即使是游客，也只能和家里没有厨房的人，当地手艺人、劳动者一起去旅店，或者在名为特雷特尔（Traiteur）的外卖店中，坐在"固定餐桌"前，老老实实地吃饭。每天的菜单都一样，饭菜做得很糟糕，不能选择或者要求自己喜欢的食物。

图 4-1　19 世纪巴黎的餐馆

巴黎的餐馆如雨后春笋般涌现。从雾月政变后的执政府到第一帝国时期，再到波旁王朝复辟时期，巴黎的餐馆一直在增加。1827 年，餐馆数量达到了三千家。这是因为巴黎有许多旅行者光顾。不仅如此，根据 19 世纪 50 年代的观察记录记载，巴黎掀起了一股与伙伴一起外出就餐的热潮。特别是星期日和节假日，不管是什么身份，人们越来越喜欢在外就餐。

厨师们离开贵族的宅邸，在城市中开设餐馆和外卖店，使法国菜更加精致，并且更为民主。许多非凡的学者和艺术家接连投身于饮食文化，评论美食，为构建美食的蓝图添砖加瓦。

著名糕点师和甜点店的出现

这一时期，逐渐出现了一些家喻户晓的厨师。从18世纪到20世纪初期，先后出现了文森·拉夏佩勒（Vincent La Chapelle）、安东尼·卡雷姆（Marie-Antoine Carême）、于尔班·杜布瓦（Urbain Dubois）、奥古斯特·埃科菲（Georges Auguste Escoffier）等奠定近代法国菜基础的料理界精英。保罗·博古斯（Paul Bocuse）、让·托阿戈洛等现代法国菜的改革者也是在汲取前人成果的基础上开展工作的。这些伟大厨师，是伴随着近代法国文化和社会的发展而出现的，这一点不容忽视。

在拿破仑帝政和王朝复辟时代，这些厨师努力在上流市民中间将过去的宫廷菜以更为精致的形态复活、普及。另外，他们钻研菜肴和甜点的"装饰方法"，为后世做出了巨大贡献。

与开餐馆相比，开甜点店在当时是完全没谱的事，需要足够的勇气。不过，曾经担任过路易十六主厨的杰克在蒙马特大街（现在的阿布基尔大街）上开设甜点店后，议员们纷纷排队购买。此外，巴黎王宫、圣奥诺雷路（St. Honoré）、圣玛格丽特大道（Sainte Marguerite，现在的特鲁索大街）等地也出现了甜点店。随后，更多的甜点店相继建成。

进入19世纪后，甜点店的数量骤然增加。当时许多贵族和富裕的市民家中都有私人厨师，这些厨师能够做出非常出色的汤、前菜、炖菜和肉菜，但是制作附加菜、甜点、冰淇淋需要一些其他的技术，想要一尝美味，就必须在外面定做。尤其是接下来将要介绍的装饰甜点，更是需要一些特别的技术。虽然也有私人糕点师，但是大革命后，不仅贵族，资产阶级和经济界人士对甜点的需求也不断增加。当时在巴黎市内开店的只有阿维斯（Avise）、让德龙（Gendron）、鲁热（Rouget）、拉夫（La Forge）、巴伊（Bailly）等，但仅有他们并不够，还需要新的糕点师。

传奇糕点师安东尼·卡雷姆（见第 122 页）在著作《巴黎的王室糕点师》中写到，他散步时，看到巴黎的甜点店增多了，高档甜点店也在不断涌现，感到非常高兴。同时，他还欣喜地看到，糕点师的技术提高了，工作更认真了，而且随着订购量的增加，店铺也变得更漂亮。他非常自豪，因为这些变化是自己辛勤工作的结果，是在自己的著作发表后才出现的。1803 年，卡雷姆也在和平街（rue de la Paix）开设了自己的甜点店。

拿破仑的功绩

1769 年，拿破仑·波拿巴（Napoléon Bonaparte）出生于法属科西嘉岛。青年时期，他就显现出了非凡的军事和指挥才能。

法国大革命后，他初露锋芒。1796年，他作为指挥官远征意大利，接连取得胜利，在意大利建立了若干个共和国。

从意大利凯旋之后，拿破仑在1799年的雾月政变中取得了实权。1804年，他35岁，即位为"皇帝"，掌握了绝对实权。不过，这种辉煌并没有持续太久。他不顾一切地对抗由周边各国组成的反法同盟，除了英国之外的整个欧洲都处在他的统治之下。但是，拿破仑在远征俄国（1812年）时遭遇了挫折，之后便江河日下。1813年的莱比锡战役中，拿破仑战败，被流放到厄尔巴岛。他虽然卷土重来，但是再次称帝仅仅持续了一百天，之后被流放到英属圣赫勒拿岛，于1821年去世。

大革命后的法国十分混乱，让法国人十分疲惫。拿破仑终结了内战，因此得到了人们的支持。他登上权力的宝座后建立了执政府，掌握了绝对的权力。在战争和对外征服的过程中，他把大革命的成果——全体市民拥有平等的权利和义务的思想传播到所到之处。1804年的《拿破仑法典》（《民法典》）便是基于这种思想制定的。这部法典涉及家庭、财产、合同等方面，它将此前各个地区零散的法律统一起来，完成了国家律法的统一。这部法典由各个地区的制定法和习惯法混编而成，却能适用于所有法国人。拿破仑还渐渐使财政状况稳定下来，1800年他创立了"法兰西银行"。为了稳定治安，他还提出针对盗贼的对策。他之所以称"皇帝"而不称"王"，是因为不想失去反王党派的支持，同时也想借"古代"的威信。

此外，拿破仑在征服欧洲和数次远征的途中，从意大利掠夺了四百余件美术珍品。他不仅把这些财宝当作战利品带回法国，还非常谨慎地以文件的形式将这种转移合法化，因此使欧洲的文化之都由罗马转移到了巴黎。

描绘辉煌的糕点师勒博

与拿破仑关系密切的糕点师是勒博。拿破仑家里装饰着勒博制作的装饰甜点。所谓装饰甜点，就是用于装饰的大型糕点。勒博主要制作图画式的装饰甜点。

玛格洛娜·图桑·萨玛（Maguelonne Toussant Samat）在《甜点的历史》（2004 年）一书中写到，休伯特－勒博是甜点主厨，他在上流阶层的宴会上和正式的大型舞会上制作表现法国军队英勇作战的威尼斯风格装饰甜点，引起轰动。他描绘的是拿破仑军队在意大利的洛迪（Lodi）桥和阿尔柯拉（Arcole）桥上行军的场景。许多历史上的画家都曾以桥为主题进行过创作。然而勒博的作品使用了糖丝、硬饼干（biscuit）[①]、牛轧

---

① 蛋白和蛋黄分别打发制作而成的一种饼干，轻薄松脆。

图 4-2　糖丝的制作方法

糖，当然还用到了糖霜花饰（见第 60 页），许多报纸都报道了这幅杰作，纷纷赞叹不已。

拿破仑通过戏剧、美术、书籍等途径留下了自己的荣光。为了留下自己的丰姿，他命令雅克–路易·大卫（Jacques-Louis David）等宫廷画家为他作画，展现他的辉煌。"甜点"也成为歌颂拿破仑功绩的作品。

安东尼·卡雷姆的装饰甜点

安东尼·卡雷姆活跃在拿破仑时代前后，堪称料理界和甜点界的"帝王"级人物。1783 年，卡雷姆出生在一个贫穷的劳动者家庭。十岁时，他被父亲抛弃，幸运的是，他被一个廉价餐馆的老板收养，在店里打杂。十五岁时，因缘际会，他来到维维安街（Rue Vivienne）的一流甜点店巴伊做实习糕点师。不久，他便在这里崭露头角，成为制作水果馅饼的主任糕点师。并且，由于得到了老板的赏识，他得以在皇家图书馆（现在的法国国家图书馆）学习。

图 4-3　安东尼·卡雷姆

　　卡雷姆是一位天才糕点师，他开创了法国甜点的黄金时代。他最重要的功绩就是创造了新的装饰法。与勒博的图画式装饰甜点不同，他制作的是建筑式装饰甜点（见本章篇章页）。装饰甜点是一种大型的糕点，是装饰宴会餐桌的必需品。卡雷姆的装饰甜点有时会利用金属框架将蛋糕和糖果固定在台面上。他的作品如艺术品一样精致，他以糖霜花饰为原材料，制作出雕塑一般的作品。装饰甜点的美超越了它作为食物的价值。卡雷姆无限地追求甜点作为装饰品的魅力。他甚至使用不能食用的材料作为黏合剂，以使装饰甜点长久不坏。

甜点与建筑的关系

卡雷姆之所以对甜点的造型如此用心，是因为他把甜点当作小型建筑，以实现自己内心的建筑家梦想。作为新古典主义的糕点师，卡雷姆深受 16 世纪意大利古典主义建筑家的影响，他向维尼奥拉（Giacomo Barozzi da Vignola）、帕拉第奥（Andrea Palladio）、斯卡默基（Vincenzo Scamozzi）等人学习建筑理论和原理，被称为"料理界的帕拉第奥"。他每天都要花费几个小时潜心研究各国的建筑、遗址和庭院。他特别喜欢去皇家图书馆的"版画室"，每逢星期二和星期五都会在那里待上几个小时。

《华丽的糕点师》和《巴黎的王室糕点师》（均出版于 1815 年）中展示了卡雷姆的成果。这两本书中收录了他的装饰甜点菜谱，以及制作草图和插图，这些甜点奢华夺目，为贵族和上流阶层的宴会而制作。从这些草图可以看出，他的作品匀称整齐，重视秩序感，具有古典主义风格，又不失浪漫。他的装饰作品展开想象的翅膀，有印度、中国、希腊、意大利、埃及、土耳其、德国等世界各国的建筑样式，他用砂糖制作各种废墟、寺院、城堡、亭子、塔、静养地、城寨以及水车，等等。

这些作品与同时代的庭院有着不可分割的关系。18、19 世纪，王侯贵族的庭院中会建造一些具有东方色彩和异国情调的建筑物，比如印度风格的佛塔，土耳其风格的凉亭，伊斯兰风格的宣礼塔，以及眺望台、亭子、寺院等。这些突破常规、富于想象的庭院对卡雷姆影响颇深。

不过这些想象最终是要以甜点的形式来实现，变为实物，因此他会慎重选择技术和素材。在《巴黎的王室糕点师》一书中，"长满苔藓的洞窟"非常有名，如图画般生动。其制作方法如下：

它的形状为圆形，放在四个拱廊之上。主体由女王风格泡芙塔（croquembouche，见第130页）构成，撒上糖衣——一部分为淡红色的砂糖，另一部分为焦糖，其余的为加入藏红花的碎砂糖。将这些泡芙从单柄锅中取出后，分成五到八个和十到十二个的小组，在上面撒上足量的砂糖和开心果碎末。由四个拱廊组成的石头山是用涂满焦糖的泡芙面糊曲奇（环状曲奇）做成的，将砂糖过绢筛后撒在上面。将这些曲奇堆积在支柱中间，就能做成漂亮的岩石（人造石）。接着将其冷却，用加入香草味奶油的蛋白霜围起来。底座是德国风味的华夫饼。像珍珠围绕皇冠那样用海绵蛋糕（génoise）装饰。用丝状的磨光砂糖在拱廊上面做成小瀑布。

与塔列朗的相逢

据说，年轻的卡雷姆经常和老板巴伊去塔列朗（Charles-Maurice de Talleyrand）的家里帮忙制作装饰甜点，他不久后便成为塔列朗家的糕点师。时值拿破仑帝政时代，1804 ~ 1814 年的十年。

塔列朗（1754 ~ 1838）出身名门望族，曾担任奥顿区主教，后来投身于世俗工作，致力于法国的政治和外交事业。罗伯斯庇尔恐怖政治时期，他逃亡美国，回国后在督政府担任外务大臣，不久便辞职。他参与了拿破仑的雾月政变，1800 年再次成为大臣，受到拿破仑重用。但是，由于他对英国实行绥靖政策，以使欧洲列强势力均衡，招致拿破仑的反感，1807 年被解职。

在被拿破仑重用期间，塔列朗奉命替拿破仑宴请客人，一周至少要举办四次晚宴。为此，他买下了中央大区的瓦朗塞（Valençay）城堡，聘请卡雷姆在厨房中施展才能。卡雷姆在为塔列朗供职期间，牢牢掌握了贵族家庭的上菜方式和就餐礼仪，两人经常讨论菜品。王侯贵族的宴会常常带有政治意味，因此要求装饰承载信息，能够体现主办者的立场。比如，通过装饰歌颂某位与会者的功绩，或者用装饰来体现方针是否一致等。另外，家庭聚会和正式晚宴的气氛必须有所差别，后者不仅要表现出主人的慷慨大方和威严，彰显客人的重要，还要讲究上菜的次序。

餐桌的作用不容小觑，菜肴自然也十分重要。装饰甜点因为能够自由造型，成了餐桌上的主角。餐具和桌布的使用也颇费心思。在甜点的制作上，卡雷姆和塔列朗所追求的目标是在保持过去旧制度时期的绚烂和壮大的基础上，增加古典主义色彩的优雅和简洁。换句话说，他们追求的是甜点的帝政形式。

图 4-4　塔列朗

撼动历史的甜品

1812 年，塔列朗被拿破仑禁闭在家。1814 年 3 月 31 日，反对拿破仑的联军攻入巴黎，塔列朗趁此机会复出。拿破仑远征俄国失败后，此前与法国结成同盟的欧洲各国君主纷纷策反，他们与俄国结盟，共同对抗法国。1813 年 10 月，在各国人民的斗争下，反法同盟军战胜了法国，并于次年进入巴黎。

为了欢迎进入巴黎的同盟军，塔列朗在家中举行了宴会。他任命卡雷姆为总厨师长。这次宴会十分重要，目的在于说服俄国皇帝和法国长老院的成员们，让他们同意消灭拿破仑的"帝国"，让波旁家族——也就是路易十八重新登上王位。1814年4月1日，拿破仑的帝位被废除，他的帝国坍塌，塔列朗成为临时政府的总理大臣。

在这次宴会中被委以重任的卡雷姆起初很反感这种谄媚敌军的做法，但是他在工作中还是发挥了一贯的高超技艺，使俄国皇帝大为感动。后来，他受邀来到俄国，为亚历山大一世工作了一段时间。也有说法认为，卡雷姆受塔列朗之命在俄国开展间谍活动。

图桑·萨玛的《甜点的历史》中写到，1820年，卡雷姆在维也纳为英国大使制作了有名的装饰甜点。那是用砂糖和蛋白霜做成的五个巨大的奖杯，以彰显同盟军的英勇。其中之一献给了奥地利的外交部长克莱门斯·梅特涅（Klemens Wenzel von Metternich），他在拿破仑失败后主导了欧洲的体制。

卡雷姆的后半生

如上文所述，忠诚于塔列朗的卡雷姆在主人的指示下先后为英国、俄罗斯等国家的显贵人士服务，但有时他也会拒绝别人的诚挚邀请。究其原因，卡雷姆说："我喜欢法国，所以离不开法国。"

　　晚年的卡雷姆服务于法国乃至欧洲首屈一指的银行家和金融家詹姆斯·罗斯柴尔德（James Mayer Rothschild）一家，主人和厨师相互都非常满意。从卡雷姆的角度看，罗斯柴尔德夫妇可以为他提供烹饪所需的任何费用。在罗斯柴尔德夫妇看来，卡雷姆不仅是伟大的厨师，也是餐桌艺术的出色导师。罗斯柴尔德家族是法国王朝复辟财政上的支持者，而且在整个欧洲范围内，是从金融方面支撑梅特涅体制的国际财阀。

　　除了装饰甜点外，卡雷姆在甜点制作方面还有许多革新。其中之一就是工具的改革，具有代表性的是面团和奶油裱花袋。在没有裱花袋和裱花嘴之前，人们只能用勺子将奶油等舀出来放在甜点上。波尔多地区发明了圆锥形纸袋，可以轻松地制作出精确的形状，卡雷姆在此基础上加以改良，制作出布制裱花袋。

　　卡雷姆于 1833 年去世，他的料理生涯贯穿第一帝政时期到王朝复辟时期。当时，旧制度时期料理传统日渐衰落，拿破仑时期资产阶级新兴料理传统逐渐兴起。装饰甜点是国王建筑的微缩，卡雷姆曾服务于英国的摄政皇太子（乔治四世）和俄国皇帝亚历山大一世，也曾受雇于奥地利的宫廷，装饰甜点是他自信和精心设计的产物。而且，他先后受雇于政治家塔列朗和巴黎的银行家詹姆斯·罗斯柴尔德，成为他们的厨师长，这显示出他的新兴资产阶级料理的倾向。他的两位雇主都是知名的美食家，以品尝全欧洲最好的菜肴而著称。他的菜肴和甜点被此后的厨师和甜点师奉为经典。可以说卡雷姆之后的法国菜和甜点都只是对卡雷姆作品的细微修正。

菲力克斯·波恩·杜波莱斯（1818～1901）是卡雷姆的继承者。他从做罗斯柴尔德家的厨师起步，成为卡雷姆工作场所继任者的弟子，后来甚至成为俄国贵族奥尔洛夫公爵和普鲁士宫廷的厨师长。他深受卡雷姆影响，将烹饪当作科学和艺术。相比于建筑，他对雕塑更着迷。他在甜点的台座和花边上施以非常精致而考究的装饰，设计出了复杂而细致的城堡和古代遗迹等。

包法利夫人的结婚蛋糕

装饰甜点是旧式贵族传统最后的辉煌，崇尚节俭的资产阶级渐渐远离了这个奢华的世界。不过，变小了的装饰性甜点还是会出现在生日和结婚仪式上，为仪式增色。

保留到现代的装饰性甜点有"泡芙塔"。据说这种装饰甜点由卡雷姆发明，原本的做法是制作许多用焦糖覆盖的小点心，然后在派皮上将它们堆积成圆锥形，再用牛轧糖和糖衣糖果装饰。不久之后，人们把用以堆积的小点心换成了泡芙。在婚礼上，人们会在金字塔形的泡芙塔上装饰上用砂糖制作的花朵和薄纱丝带。塔顶装饰有一对人偶，当然就是新郎新娘。除了婚礼之外，这种甜点在盛大的仪式、洗礼以及第一次圣餐礼上都是必不可少的。

居斯塔夫·福楼拜（1821～1880）1856年出版的小说《包法利夫人》中就出现了装饰性甜点"结婚蛋糕"。小说的主人公爱玛和乡村医生查理·包法利结婚后，因为丈夫的平庸和婚姻生活的乏味，对现实失望，转而追求从儿时起就憧憬的浪漫。她与两个男人发生了婚外情，在此过程中债台高筑，又被情人背叛。最后，她的梦想完全破灭，自杀身亡。下文描绘的是爱玛和包法利婚礼的场景。

　　为了制作水果塔和牛轧糖，他们特地从意弗托城带来了甜点师。因为第一次来这里做甜点，甜点师特别小心谨慎。他带来的一款造型甜点，让大家十分惊喜。最下层是用方形的蓝色纸箱制作的神殿，有长廊和廊柱，四周排列着一圈灰泥制成的小雕像，每个雕像都放在撒满了金纸的神龛中。第二层是用海绵蛋糕做的城楼，周围是用当归蜜饯、杏仁和葡萄干做成的小堡垒。最上层是一片绿色的草原，上面有假山，果酱做成的湖水上漂浮着榛子壳做成的小船。原野上，小爱神坐在巧克力秋千上，秋千架的两根柱子顶上有两朵真正的玫瑰花蕾，那就是蛋糕峰顶的圆珠了。(《包法利夫人》)

这完全是乡村版的装饰甜点。尼古拉·赫伯(Nicola Humble)在《蛋糕的历史故事》(2010年)一书中指出，这个三层的装饰甜点反映了小说由三部分构成，还代表三个重要的宴会和爱玛生命中出现的三个男人。而这个笨拙的、充满乡村气息的装饰甜点使用了简陋的纸板、金纸和果酱，不过是照猫画虎，粗浅仿效大城市和王宫的考究和高贵，它预示了婚后爱玛的虚荣心得不到满足，对生活越来越不满。

夏洛特蛋糕和牛奶杏仁慕斯

卡雷姆和杜波莱斯为王侯贵族等上流阶级制作装饰甜点，尽显才能。不过仅凭这些大规模的宴会用甜点还不足以显示他们的真本领。18世纪，特别是19世纪的甜点师们制定了主要甜点的基本规则，这些规则一直延续至今，因此从这个意义上来说很重要。在此之前，甜点的名字(如苹果塔、香草冰淇淋)非常普通，并不十分有个性，也没有通用的制作方法。但是，从这一时期开始，甜点师们开始写作菜谱书，创作者会为作品命名，甜点的形状、材料、制作方法和装饰等基本规则逐渐明朗起来，大家也都开始遵守这些规则。虽然还有很多甜点的制作者和命名者不详，但是19世纪时，大部分甜点都有了通用菜谱，并且一直保留到现代。

这里介绍一款由卡雷姆命名并确定做法的甜点。卡雷姆改良了许多平民甜点，其中之一就是"夏洛特蛋糕（charlotte）"。它的原型是18世纪末从英国传入的甜点，原本是在小块的海绵蛋糕（或者布里欧修）基础上，加入白葡萄酒的奶油，以及红色的水果冻和蜜饯，混合而成。不过，法国的做法是在涂抹了黄油的圆形模具四周摆上一圈海绵蛋糕或者柔软的软饼，中间放上糖水煮苹果，加入肉桂和柠檬后烤制，再覆盖上卡仕达酱。

卡雷姆在此基础上加以改进，并将其命名为"夏洛特蛋糕"。仅夏洛特蛋糕，卡雷姆就创作了几十种。特别是进献给俄国皇帝的俄国风格夏洛特蛋糕最有名。俄国风格的夏洛特蛋糕不用加热，需冷食，是将薄饼形状的烤饼干摆在夏洛特蛋糕模具中，然后将香草味的巴伐露斯倒进去制作而成。饼干常常要用利口酒或者咖啡染色。其实卡雷姆本来起的名字是巴黎风格夏洛特蛋糕，但是在法兰西第二帝国时期，俄国风格的料理风靡一时，不知怎么名字就变了。

卡雷姆还特别详细地记述了牛奶杏仁慕斯（blanc-manger）

的做法。它是用杏仁粉和明胶制作而成的，在法兰西第一帝国末期流行开来。牛奶杏仁慕斯起源于郎格多克地区的地方糕点，可以追溯到中世纪。中世纪时它是一道加入杏仁和蜂蜜的附加甜点。卡雷姆在杏仁奶中加入朗姆酒、香草、咖啡、黑樱桃酒以及大柠檬等以增加香气。此外，被视作巴伐露斯鼻祖的一款甜点也出自卡雷姆之手，是将混入打发奶油的蛋黄糊加入牛奶杏仁慕斯制作而成。

各种法国甜点

在这里，我要介绍一些出现于 19 世纪、时至今日仍未过时的法国甜点。

闪电泡芙

闪电泡芙 1850 年诞生于里昂，是用泡芙面糊制成的甜点，最初是将杏仁碎混入面糊中，不久后不再使用杏仁，而是填入咖啡、巧克力、鲜奶油等，表面要涂上适合的糖衣。

巴黎车轮泡芙

据说这款甜点于 19 世纪末诞生在巴黎西北部的曼森拉斐特

(Maisons-Laffitte）小镇，是隆格伊（Longueuil）大街上的一家甜点店制作的，为的是纪念自行车赛经过自家店门口。该自行车赛连接着巴黎和布列塔尼地区的布雷斯特。制作者用泡芙面糊做成自行车车轮状，然后在两个"车轮"之间填入烤蛋白霜和加入果仁糖的奶油糖霜（butter cream），再撒上杏仁。

拿破仑蛋糕（千层酥）

这种甜点由派皮和卡仕达酱一层层重叠而成。用黄油和面粉制成的层状派皮稍微有一点咸味，与卡仕达酱形成绝妙的搭配，得到了许多人的赞赏。据说这种甜点由 19 世纪初的甜点师鲁热发明。美食家葛立莫·德·拉·黑尼叶（Grimod de la Reynière）曾经极力称赞这种甜点是"天才般灵巧的手制作出来的作品"。鲁热制作的拿破仑蛋糕没有详细的食谱，不久就被大家遗忘了。1867 年巴克街（rue du Bac）的甜点店用六层折叠的派皮做成的拿破仑蛋糕受到了极大好评，派皮中间夹上卡仕达酱，上层涂抹杏子果酱作为糖衣，侧面覆盖烤杏仁。

圣奥诺雷泡芙

这款甜点是 1846 ～ 1847 年由巴黎的高级商业街圣奥诺雷路的甜点店制作出来的。原本这款甜点是在皇冠形的布里欧修蛋糕中填入卡仕达酱。不过，这个店的泡芙吸收水分，过两小时就会变得软塌塌的。不久之后，朱利安三兄弟稍加改良，将布里欧修面糊换成派皮，同时，边缘部分和皇冠上摆放的小泡芙使用烤硬的面糊，即使与水接触也可以保存更长时间。

修女泡芙

这种甜点因为形状很像蒙着面纱的修女而得名。大泡芙上摆放着小泡芙，再从上往下浇上溶化的巧克力或者咖啡。据说这种甜点最早于 1856 年，由巴黎的弗拉斯卡蒂甜点店（chez Frascati）制作。

法式苹果塔

众所周知，这是一种用苹果制作的水果塔，将苹果直接放在塔皮上。1890 年前后，在法国中部，索洛涅（Sologne）地区的拉莫特−伯夫龙镇，有一对姐妹经营着一家旅馆，旅馆附带餐厅，旅馆生意火爆，每天都有许多客人光顾。一天，姐姐斯蒂芬妮想要做苹果塔，慌忙之中忘记了放塔皮，只烤了苹果。妹妹想要做些补救，于是在苹果上盖上塔皮继续烤，想着烤好后倒过来放在盘子里。意想不到的是，苹果在黄油和焦糖的作用下呈现鲜亮的琥珀色，受到客人的热烈欢迎。当时的美食评论家居诺斯基（Curnonsky）偶然到这家店，品尝了这种苹果塔后非常激动，将它介绍到了巴黎，这种苹果塔在巴黎也极受欢迎。

爱之泉水

这是一种圆形的小点心，将折叠的双层派皮做成容器，填入香草味或加入果仁糖的卡仕达酱和果酱，表面撒满砂糖，烤成焦糖状。蓬帕杜夫人和路易十五的厨师文森·拉夏佩勒在1735年写成的《现代厨师》一书中，记载了最初的食谱，即在派皮做成的容器中填入醋栗果酱。19世纪时，巴黎的三位甜点师施特雷尔（Stohrer）、科克兰（Coquelin）、布尔达卢（Bourdaloue）商量后，将其改造成现在的形态。1843年，巴黎歌剧院上映了歌剧《爱之泉水》，这款甜点因此得名。

第 5 章

资产阶级的快乐

巴黎的甜点店

复辟王朝

1814年，拿破仑失败，第一帝国崩塌瓦解。此后，政体频繁交替。举例来说，有复辟王朝（1814～1830年）、七月王朝（1830～1848年）、第二共和国（1848～1852年）、第二帝国（1852～1870年）、第三共和国（1870～1940年）。而且，伴随着政体交替，还有革命和战争，即七月革命（1830年）、二月革命和六月起义（1848年）、拿破仑三世的政变（1851年）、普法战争（1870～1871年）和巴黎公社（1871年）。

政体在短期内不断交替，是因为保王党、共和派和波拿巴派分别集结自己的势力，倡导自己的政治主张，各自内部也出现了细微的分化。这足以表明实现国家统一的困难。不过，另一方面这也意味着要将法国革命中提及的理念渗透到各个地方需要时间。而且想让这些理念真正在法国扎根，不仅要让其在法国国内传播，也必须传播到国外。

拿破仑失败后，在外国各方势力的授意下，塔列朗着手复辟波旁王朝（王朝复辟）。路易十八（1814～1824年在位）即位，他是被送上断头台的路易十六的弟弟。路易十八想与奉行自由主义的资产阶级和谐相处，于是他在规定王权神圣不可侵犯的同时，也以国王授予的方式制定了宪章，吸收法国革命的成果。同时，他组建了贵族院，以收入为条件选举出下议院。他的政治虽然反动，但是比较稳健。在路易十八的统治下，还经历了拿破仑的"百日王朝"。

1824年，路易十八去世，弟弟查理十世（1824～1830年在位）继承王位。不同于路易十八的明智，查理十世没有认识到法国已经无法再回到革命前的状况。1825年，他在兰斯（Reims）举行加冕仪式，意图恢复旧体制，支持贵族和天主教。不仅如此，还通过了一系列法律，规定向被流放和被没收财产的贵族发放补偿，对亵渎神灵的行为实施惩罚，而且依靠极端党派。这种反动统治招致资产阶级的反感。

七月王朝

1830年，反动的首相，波利尼亚克亲王（Jules Auguste Armand Marie, prince de Polignac）限制报道的自由，公布了有利于大土地所有者的选举法修订方案，巴黎民众发生暴动，与政府军发生巷战，国王查理十世被赶下王位，这就是"七月革命"，而后建立了七月王朝。在奥尔良王朝的路易·菲利浦的统治下，法国走向工业化，资产阶级与银行、大企业携手，支配着社会。但是，选举仍然受到极大限制，只有贵族和大资产阶级才拥有选举权。国王扮演着好家长的角色，维护他们的利益。路易·菲利浦被称为"金融国王"，他奉行权威主义，也是一位高明的决策者。然而，这却引起了政治家们的堕落和腐败，政体逐渐失去了支持。

七月王朝时期，虽然农业总产值大幅度增加，但是由于收成欠佳，谷物的价格高涨，没有土地的贫困农民和农业劳动者屡次发动骚乱。1846 年后，经济危机越发严峻。而在工业革命开展的过程中，小市民和工人的势力不断增强，他们反对七月王朝。1848 年，工人和小市民要求政府扩大选举权，遭到了政府的拒绝。巴黎民众起义，发动了"二月革命"。路易·菲利浦逃亡英国，法兰西第二共和国成立。

拿破仑三世的政治

第二共和国从建立开始就不稳定，接连经历工人发动的六月起义和保王党扩大势力的运动。1848 年 12 月，拿破仑的侄子路易·拿破仑从流亡地回国，参加总统竞选，当选为总统。1851年，他发动政变，修改宪法，延长自己的总统任期，并于第二年称帝（拿破仑三世），开始了法兰西第二帝国的统治。从1852年到1870年，第二帝国持续了约20年。

拿破仑三世采用权威主义体制，限制报道的自由。由于经济发展良好，很少有人公开表示反对。但少数反对派仍然受到压制，因《悲惨世界》闻名的维克多·雨果（Victor Hugo，1802～1885）就是其中之一。雨果也是政治家，起初他支持路易·拿破仑，随着后者统治的独裁化，雨果成了反对派。他发表作品，批判接连逃亡比利时、英吉利海峡的泽西岛和根西岛的拿破仑三世。

不过，从1860年开始，第二帝国的统治显示出了一定的自由。究其原因，是拿破仑三世失去了教皇的支持。拿破仑三世支持皮埃蒙特、撒丁王，想促成意大利的统一，违背了教皇的利益，惹怒了教皇。与此同时，法国国内的状况也不容乐观，工业家惧怕与英国竞争，他们对与英国缔结自由通商条约十分不满。因此，皇帝只能依靠自由主义者和民众。

1864年赋予劳动者罢工权就是典型的例子。拿破仑三世还设立了劳动者互助基金，劳动者甚至可以批判政权。1870年，立法院改革，政府由立法院的多数派组织成立。这意味着大臣们对议会负责，议会制帝国成立。这样，政治日益民主，看起来第二帝国的基础似乎稳定下来了。然而，普鲁士首相俾斯麦挑起了普法战争（1870～1871年），法国战败，拿破仑三世被俘，一切都化为乌有。

工业革命和阶级社会

在政治体制几次三番变更的背后，是法国社会缓慢而扎实的变化。这种变化就是姗姗来迟的工业革命和资本主义的发展。这种发展从纺织工业开始，一直到金属工业。七月王朝时期是法国工业化的开始，特别是铁道取得了显著的进步。当时的首相基佐（Guizot）用《成为有钱人》一文来表达新社会的信条。此后的第二帝国时期，推行了符合工商业资产阶级期望的措施，完成了许多公共事业和金融改革，工业得到进一步发展。

工业革命也催生了新的阶级——无产阶级。他们拿着微薄的报酬，却被迫从事繁重的劳动，伤病缠身，境遇凄惨。面对这样的状况，不久后，圣西门（Saint-Simon）、查尔斯·傅立叶（Charles Fourier）等"空想社会主义者"提出了新的社会秩序，成为社会主义思想的源头。他们期望由科学家、工程师、工业家、艺术家构建一个将劳动者联合在一起的工业社会，这个社会没有剥削也没有压迫。路易·布朗（Louis Blanc）和普鲁东

（Proudhon）的社会主义理论则试图改变凌虐无产阶级的社会不公，批判资本主义，构想劳动的组织化。

这一时期的主角是银行家、商人和工厂经营者等资产阶级，投资者的行动也自由无阻。他们取代贵族，确定城市生活的基调，决定市民的价值观。在资产阶级的眼里，近代化工厂里的工人是危险的。法国革命在初期以资产阶级为中心。随着革命的进行，资产阶级的理想社会得以实现，他们不再期望进一步的革命，趋向保守。可是，落到后面的工人们却团结一致，努力构建自己的世界。在七月革命之后的革命和暴动中，工人总是站在最前面，与政治和社会的不合理奋力抗争。

资产阶级的饮食生活

作为这一时期的主角，资产阶级期盼什么样的生活呢？他们又实现了什么样的生活呢？他们重视家庭，家就是他们的王国。他们的钱主要花在购买衣柜、餐桌、化妆台等家具上，而不是衣服。在家具方面，他们偏爱柔和的曲线、蛋形（椭圆形）、鳞片、贝壳、漩涡、常春藤、花饰等花纹。理性和启蒙的时代也是装饰的时代。家里的餐厅能让一家人欢聚一堂，是让人平静的地方，因此受到重视，人们费心准备餐厅的用具和装饰。

图 5-1 资产阶级家庭

他们还建造了单人房间，人们可以在里面写信或者读书，是私密的空间。

资产阶级的饮食以贵族为范本。从 17 世纪开始，在贵族中，暴饮暴食和大量使用异国香辛料的传统就开始衰退，饮食习惯与新式文明并肩前行（见第 98 页）。由于王权不断强化，贵族的军事意义日益减小，被排除在政权之外。贵族们开始通过非凡的饮食来寻求自己的价值。17 世纪的新菜肴摒弃了异国情调的香辛料，法国本土的香草等受到了热烈欢迎。菜肴被赋予了文化意义。"高雅的美食"成了法国文化的要素。这种趋势一直持续到 18 世纪，餐桌是启蒙主义结出的甜美硕果。另外，正如之前所说，女性使餐桌更为精致、赏心悦目。贵族们价值观的变化，以及男女同桌就餐的喜好，使这一时期的法国菜更加精细和美味。

奥尔良公爵菲利普（1674 ～ 1723）是路易十五的亲戚，也曾担任过路易十五的摄政。他在巴黎王宫（Palais-Royal）中召开过精致而又声色犬马的餐会。大家享受美食、娱乐至天亮。路易十五自己也喜欢在凡尔赛宫、布伦（Boulogne）森林中的米埃特城堡（La Muette），特别是巴黎近郊的舒瓦齐城堡中举行"小夜宵"。"小夜宵"并非正式的宴会，而是内部聚会，一些优雅、有才气的贵妇也会受到邀请，参加一场亲密、愉快而又时髦的餐会。国王有时还会自己动手做菜，让大家更加愉快。

19 世纪的资产阶级也憧憬贵族的这种饮食理念，他们通过在亲密的家庭内部举行小规模餐会来模仿。资产阶级用消费来彰显他们新赢得的财富和地位。不过，资产阶级更重视私人世界，他们主要的关注点和花费都集中在内部而非外部，特别是努力营造一个好的餐桌。咖啡馆和餐馆作为家庭的延续，既有公共的性质，也有私人的一面。

然而，从 19 世纪 30 年代开始，资产阶级的生活方式开始发生变化，越来越重视外部，以此作为地位的象征。特别是女性的服装变得奢华。资产阶级对自己的胜利十分自信，将外部世界、街道、马路都视为自己的领域。

小蛋糕的乐趣

早期的资产阶级非常重视以女性和孩子为中心的亲密的家庭生活。在家中，他们一边喝咖啡和巧克力，一边吃甜点。他们有时也会出门进行一次短途旅行，在布伦的森林中骑马、骑自行车。休息时，除了喝咖啡、喝茶，也有许多人享用甜点。当然，资产阶级不会忘记小酒馆（bistro）、餐馆、俱乐部和戏剧的乐趣。

与资产阶级这种小小的乐趣非常匹配的是"小蛋糕"。起初，这种甜点被称为"芙瑞滋（friandise）"，既有甜味的也有咸味的，通常在正餐之外食用，目的只是为了消遣。芙瑞滋一词从14世纪中期就开始使用，起初用于指宫廷的食物，文艺复兴时期之后，指小糖果。芙瑞滋经常出现在贵族、上流市民，特别是贵妇人召开的聚会上，喜爱这种点心的美食家被称为"芙瑞儿"（女性形式为"芙瑞德"），萨布雷侯爵夫人（见第95页）就以"芙瑞德"的身份著称。1796年，在革命的余波尚未消退时，《芙瑞滋手册》出版了。

到了 19 世纪，芙瑞滋一词不再流行，开始使用"小蛋糕（petit four）"一词。这个词语要追溯到 18 世纪，意为"余热"。在用石头搭建烤炉的时代，小型的烤制食品要等主要的烤制食品（肉菜等）烤完后，利用熄火后的余热来制作。

这些小蛋糕起源于 16 世纪从意大利传来的各种小点心。19 世纪，资产阶级把小蛋糕当作下午茶的伴侣，非常珍惜。它们通常由手工制作而成，在家里，一般由母亲教给女儿，作为女儿的一种爱好，为家人和客人制作。

1862 年，法国西北部的南特诞生了第一家小蛋糕工厂，制作出近似正方形的小饼干，边缘呈锯齿状，小饼干用面粉、砂糖和黄油制作而成，当然也有别的形状。有将大蛋糕（手指泡芙和水果塔）缩小的鲜①小蛋糕，也有把水果裹上各种糖衣的。

每到星期天，资产阶级就会成为虔诚的教徒，一早就去地区教堂参加弥撒。一出教堂门口，他们就会马上赶到镇上最好的甜点店，把那些有名的甜点装进纸袋，小心地带回家去。对于他们来说，这是一个很大的乐趣。在与家人饱餐一顿后，细细咀嚼、品尝美味的甜品，这正是那个美好年代里的小小喜悦。

小蛋糕除了在喝下午茶时吃，在午餐、小型聚会上也必不可少。此外，作为补充，一种叫作"迷那滋（mignardise）"的

---

①这里的"鲜（frais）"是"干燥（sec）"的反义词，指不能长久保存的东西。

小点心经常在大家吃完甜品之后呈上来。

沙龙的繁荣

　　沙龙让小蛋糕有了用武之地。18世纪，巴黎的贵族沙龙非常繁荣。大革命后，从王朝复辟到二月革命期间，这种优雅的聚会在各地举行。贵族希望用这种私人社交的方式来维护自己的身份和地位。沙龙是基本的聚会形式。特别是圣日尔曼德佩区（Faubourg Saint-Germain）、圣奥诺雷市郊（Faubourg-Saint-Honore）、邵塞·昂坦（Chaussée-d'Anti）和马莱（Marais）四个地区，是巴黎著名的特权阶级社交场所。

　　根据举办的日期和时间，沙龙呈现出不同的规模。午饭后的时间，贵族女性只为少数关系亲密的人或者精选的政治家、文人敞开大门。下午四点后则会迎来几十个朋友，到了晚上会变成数百人参加的舞会。在七月王朝时期，贵族女性一般会在一周内选择一天，从下午两点到七点接待客人。女性是小型聚会的主办者，下午四点——各个沙龙日的四点——时她们一定会在家招待社交界的男性政治家和艺术家。她们的丈夫会被排除在外，或者可以说，丈夫们要去参加其他女性举办的沙龙。他们认为，在沙龙上表现夫妻恩爱是最土气、低级的做法。

图 5-2　巴黎的优雅沙龙

　　此外，还有"大日子"和"小日子"的区别，侯爵夫人、公爵夫人们在"小日子"只招待亲密的人。"大日子"时会举办舞会等大规模的沙龙。"别忘了我的星期二""记得星期四"，优雅的夫人们总是这样提醒客人，这甚至成了她们的习惯。大家尽情发挥自己的才能，演奏音乐、演唱歌曲或者朗诵。四点时，沙龙主人会拿出茶点请客人品尝。

　　女性们讨论着喜欢哪家甜点店，哪家店的甜点好吃，以此显示自己紧跟潮流。科塔尔夫人在斯万夫人的沙龙上讲道："小蛋糕或者蛋糕类的点心我都会找布尔（Bourbonnoux）。不过，那里凉点心就不行了，不管是巴伐露斯还是果子露冰淇淋，都是勒巴泰技高一筹。"（《追忆似水年华》）沙龙上有时还会做"模拟咖啡馆"的游戏。女性们扮演咖啡馆的老板娘，戴着小帽子，披着三角形的披肩，围着真丝薄绸的围裙，在柜台上摆放橙子、甜点、宣传册和广告等。

19 世纪，沙龙不仅在贵族中流行，资产阶级也竞相模仿。甚至有人说，成为资产阶级的标志就是雇有女仆和拥有沙龙日。官员、职员、校长和教师的妻子都纷纷举办沙龙。资产阶级打牌、跳舞，喝糖水和柠檬汁，品尝刚刚出炉的热乎乎的布里欧修蛋糕和小蛋糕。然而，悲哀的是，资产阶级的沙龙只不过是模仿真正贵族沙龙的一幅滑稽画。

巴黎的辉煌和中央市场

法国甜点有一个特征：它的制作只属于专业人士，几乎没有人在家里自制。因此，主妇们最好不要想着自己做——也许小蛋糕可以。发掘自己中意的甜点店，每周去那里采购，或者在纪念日去那里定制，这被认为是非常平常的事情。

不过，新店陆续开张，大家一定想去看看各个有名的店。去探访这些店铺成了一种时尚。散步时偶然发现一家甜点店，走进去看看，一定也别有一番乐趣。

19世纪，巴黎越发熠熠生辉。1855年，在拿破仑三世统治期间，召开了巴黎世博会。1900年，巴黎再次举办世博会，两次世博会聚集了大量游客，第二次世博会六个月内就聚集了五千一百万人。巴黎展现了法国乃至全世界的精华，成为一个举世无双的城市。

19世纪50年代，塞纳省知事奥斯曼男爵拆除了中世纪修建的不规则小路，修建了笔直的大路。奥斯曼完善了道路交通网和上下水道，完成了铁路干线的修建，变革了产业结构。这些措施虽然毁誉参半，但是从根本上改变了巴黎的市容。柏油铺的大路平整洁净，再也不会遍地泥泞，大路两旁林立着美丽的建筑物，初次见到这种场景的人无不为之感动。

不过，这种合理性与"社会性区分"密不可分。也就是说，巴黎被分为两部分：西部地区是高级住宅区，位于凯旋门周边的大路附近，东部地区则是手工业者和工人的世界，即连接玛莱区、巴士底狱广场附近、贝尔维尔（Belleville）大街和梅尼蒙当（Ménilmontant）大道的区域。作为分隔了这两个地区的屏障，中央市场十分引人注目。

新的巴黎中央市场建于1857年到1858年，建设者拆除了老旧无序的小店铺，铺设了宽阔笔直的大路。还出现了简约、时髦、采光良好的空间——用铁和玻璃建造的大亭子，很多亭子组成了巨大的建筑群，让人们惊喜不已。因《娜娜》和《小酒店》被人们熟知的埃米尔·左拉（Émile Zola，1840～1902）就以巴黎中央市场为舞台写作了《巴黎之腹》。左拉关于中央市场的描绘让人印象深刻：一早，运载着蔬菜、水果和鱼虾的货车一辆接一辆地赶到，人们把鸡蛋、奶酪和黄油装进篮子，像比赛一般将它们运送到建筑物内。

《巴黎之腹》的主人公身体略瘦，性格消沉，他反对拿破仑三世建立的第二帝国，与同伴策划暴动。他误入充斥着各色食物的巴黎中央市场，尽管得到了许多人的帮助，最终还是被这个蓬勃、喧闹的肥胖肚子——即市场——当成病态的异物驱逐了出去。而在《小酒店》中，主人公是洗衣店老板娘，在她的生日会上出现了寺院形状的萨瓦兰蛋糕（gateau de Savoie）。《萌芽》中出现了布里欧修蛋糕和巧克力，用以表现矿山大股东一家的幸福早餐。甜点在左拉的作品中起到了重要作用。

漫步者的出现

路易－塞巴斯蒂安·梅西耶（Louis-Sebastien Mercier）的《新巴黎》（1781～1788年）和雷斯蒂夫·德·拉布列东（Restif de la Bretonne）的《巴黎之夜》（全八卷，1788～1794年）都

是有名而生动的散步文学。梅西耶一边在巴黎街头漫步，一边用敏锐的眼光评判社会。他也极为关注饮食世界，甜点店、咖啡馆、小酒店、市场、市民的餐桌，到处都留下了他对食物的评价。除了他之外，还有许多人观察并用语言描绘城市——特别是巴黎。另有无数人虽然没写文章，却默默地走入巴黎的人群和迷宫中，用自己的眼睛耐心观察这座城市。

19世纪，巴黎资产阶级的乐趣就是闲逛，把这种乐趣作为习惯的人被称为漫步者（flaneur）。

漫步者们去了哪些地方呢？在巴黎，只是随意在街头散步，看到的景色就足以让人心旷神怡。不过逛书店和食品店更有意思。服装店、咖啡馆和餐馆也是闲逛的目的地。自大革命以来，商店数量一直在增加，特别是1815年之后，数量激增。很多食品店在商品展示上绞尽脑汁，把店面装饰得魅力十足，购物成为资产阶级的一大乐趣。相对而言，18世纪时数量很多的露天地摊、售货摊连连亏损，数量越来越少。第二帝国时期诞生了商场，那里的瓦斯灯、玻璃和镜子的光芒吸引着购买欲旺盛的客人前往。

19世纪是甜点的黄金时代，巴黎和里昂等城市涌现出许多甜点师和甜点店。欣赏橱窗里摆放的美味又漂亮的甜点，想必也是漫步者的乐趣之一。情侣们挽着手享受闲逛的时光，也常常走进香榭丽舍附近的咖啡馆，四目相对地享用华夫饼，华夫饼散发出令他们感到惬意的香气。

知识分子漫步巴黎

文人和知识分子也喜欢在巴黎散步，构思作品。因《高老头》《幽谷百合》等作品闻名于世的写实主义大作家奥诺雷·德·巴尔扎克（1799～1850）就非常喜欢在巴黎街头漫步。他观察餐馆的广告牌，走进餐馆，并把这些体验用作小说素材。他是第一位将美食和享用食物的场景真正写入作品的作家。在他之前，有些作家会描述人们缺少食物、穷困潦倒的场景（雨果的《悲惨世界》等）。巴尔扎克却是在享受食物，他把食物看作人性和人际关系的决定性因素。他的作品中频频出现餐馆。他也描绘情侣吃饭、高级娼妓吃夜宵、工作午餐等许多吃饭的场景。他还常常就食物本身发表长篇叙述。食用肥美牡蛎的人、因讲究吃喝而破产的人纷纷登场。

在巴尔扎克之后，作家们都开始在作品中大肆描写厨房和餐桌。比如福楼拜（见第 131 页）、莫泊桑（见第 49 页），特别是前文的左拉。

夏尔·皮埃尔·波德莱尔（Charles Pierre Baudelaire，1821～1867）是有名的漫步者诗人。他原本是一位花花公子，后来将财产挥霍一空，陷入窘境，生活悲惨。他终生未娶，孑然一身，比任何人都热爱巴黎。他潜入城市之中，一边流浪一边寻找写诗的素材。他经常出入各个咖啡馆，在那里写作或朗诵诗歌。他在《浪漫派的艺术》中写道：

> 对于完美的漫步者和热情的观察者来说，在数量之间、起伏之间、动作之间、逃跑和无边无际的空间里建造居所有着无限的快乐。让人有种明明不在家却四处为家的心情。放眼世界，我居于世界的中心，又隐身在世界之外。这是独立不羁、拥有公正精神的热情之人的小小乐趣，是用语言无法表达的美妙。观察者就是国王，享受潜伏在各处的乐趣。

散步是一种文明的举止，也是一种全新的感知方式。用这种全新的方式，人和人相遇，人与丰富的商品相遇。充斥着商品的巴黎理所当然成为散步的圣地。19世纪是散步的黄金时代。甚至有人说，巴黎市民就住在大街上。家以外的地方就是约会之处，是自己的住所，是生命的源泉，而自己的家却冷冰冰的，毫无亲切感。这似乎与资产阶级那种将家庭作为自己王国的精神相反，但我想也许凡事都有两面性吧。

美食家格里莫的美食卡片

在 18 世纪之前，即便拥有丰盛的菜肴或堆积如山的美食，人们却尚未形成品味这些佳肴的敏锐味觉。不，是尚未形成"讨论"饮食的习惯。美食的发达，需要有从各种观点出发去讨论美食的风潮。格里莫和布里亚-萨瓦兰等美食评论家引领了这股风潮。在他们的努力下，讲究饮食被提升为一种艺术，并成为重要的社会属性。

美食文学之父格里莫·德·拉·雷尼埃是一位富裕的包税人的儿子。1803～1812 年，他写作了八卷本的《美食家年鉴》，开辟了一个全新的领域。巴黎涌现出许多美食漫步者，他们在《美食家年鉴》的指引下遍游巴黎。

《美食家年鉴》第二卷的副标题为"一位美食家漫步于巴黎的大街"。他从圣奥诺雷门出发，四处调查店铺。书中主要记载了餐馆、咖啡馆、甜点店、食品店，特别是列举了许多甜点店。这本书中还介绍了餐桌艺术必不可少的餐具店和布店。书中既有高级地区的餐馆，也有大众化的小酒馆。

他不仅记录了店铺的地址和特征，还将气氛、装饰、推荐菜品和价格都记录在册，向读者揭发店铺的缺点和假货，评价店主的服务。这本手册写作于拿破仑时代，当时有许多议员从督政府和执政府的国民议会调任到地方。他们离开妻儿，独自前往任职地，非常喜爱这本书。

作为一位美食家，格里莫非常关注甜点和果酱。他介绍了许多食品店和甜点店，数量比餐馆还要多。他指出，这些店铺的主要消费群体是带外卖回家吃的人，而不是在外就餐的人。他在书中还介绍和评价了陆续上市的甜点新品。他指出，在巴黎，黄油的消费量巨大就是因为这些甜点店。从二十年前开始，甜点制作技术取得了迅速而长足的进步。

格里莫认为，美食和礼仪密切相连。真正的美食家必须掌握礼仪和生活技巧。他的目标就是将旧制度时期的礼仪传授给在大革命的政治、社会变动下产生的新的精英阶层。

布里亚-萨瓦兰和大仲马

进一步在美食评论方面做出贡献的是让·安泰尔姆·布里亚-萨瓦兰。他是一位热爱美食的法官，在法国大革命中被处以极刑，逃亡到美国。回国后，他担任国家检控官，在工作之余写了《味觉生理学》。从 1826 年至今，该书已经再版超过五十次，是一本超级畅销书。

在书中，布里亚-萨瓦兰定义了什么是美食家，希望奠定美食学（gastronomie）的理论基础。他认为，热爱美食不同于"大肚汉""贪食"和"酗酒"，而是一种社会属性和处世之道。特别是，他认为应该科学地对待美食，这是他与其他人的不同之处。他认为料理需要教育讲座、学术研究，理论家和实践家，他自己也尝试总结出一套基于观察和经验的"味觉生理学"。这是一门新的科学，与人类生理学、相貌学，乃至化学、解剖学、营养学、历史、民俗学等都有关系。

不过，他的书并没有晦涩的理论，而是充满了各种传说、建议、历史渊源、箴言等。在这个过程中，法国的形象被塑造成"美食之国"。在关于甜点的部分，他讲到了松露、砂糖、咖啡、巧克力等"兴奋剂"。关于砂糖的部分，介绍了砂糖作为药物的历史后，他还叙述了砂糖的各种用途。

（砂糖）与白面、鸡蛋混合后，可以制成饼干、马卡龙、硬曲奇、巴巴朗姆酒蛋糕等轻型甜点。这要仰仗近些年来被称为"一口甜点师"的人们，是他们发展了甜点制作技术。

（砂糖）和牛奶混合后可以做成奶油或者牛奶杏仁慕斯，以及其他美食，可以将第二道菜（一顿饭由若干道菜组成）的结束变得非常愉快。因为和肉类的油腻不同，这些甜点能让你感受到细腻轻盈的香气 [《美味礼赞（上）》]。

布里亚-萨瓦兰一直密切关注甜点的新配方。

还有一款与萨瓦兰同名的蛋糕也为人津津乐道。实际上，并不是他制作的，而是巴黎交易所广场的朱利安三兄弟借萨瓦兰之名制作的。萨瓦兰蛋糕和第3章中讲到的巴巴朗姆酒蛋糕相似，不过不加葡萄干，而是加入切碎的橘皮蜜饯。烤制出皇冠形的面皮，待冷却后在中间填上奶油（卡仕达酱或者发泡奶油），在上面放上水果，然后还要浇上朗姆酒或者樱桃酒。萨瓦兰蛋糕与巴巴蛋糕的根本区别在于需要填入奶油。

此外，作家亚历山大·仲马（大仲马，Alexandre Dumas，1802～1870）也是有名的美食家。他从做剧作家起步，后来写作了《三个火枪手》《基督山伯爵》等小说，获得了巨大的成功。然而，晚年的大仲马，作品滞销，因此过得非常艰苦。他的最后一部满意之作

图5-3　正在烹饪的大仲马

是《烹饪词典》（1869 年）。这本词典收入了 750 道菜肴及其食材，不仅有烹饪方法，还有许多逸闻趣事，非常有趣。大仲马曾自信地说："即使我所有的作品你都不看，至少也会留下这部作品。"他本人的厨艺也相当了得。

佛伊咖啡馆和普罗科普咖啡馆

漫步者们的目的地除了甜点店还有咖啡馆。大革命之前，巴黎王宫周围有许多文学咖啡馆和作为政治集团聚点的咖啡馆。巴黎王宫原本是路易十三的宰相黎塞留的官邸。他将宅邸遗赠给了国王。当时的国王路易十四乔迁至此，将这处宅邸称为巴黎王宫。后来，国王搬走，这里成为王室成员的住所。不久后，人们拆除了黎塞留时期的建筑物，建造房屋，并用院子将其围住，房屋则作为店铺向外出租。这里入驻了咖啡馆、餐馆、舞厅等，很快就成为繁华的商业街。巴黎王宫指的是这一片区域。

巴黎王宫有一个"佛伊咖啡馆（Cafe de Foy）"，在革命前是雅各宾（Jacobins）俱乐部的据点。雅各宾俱乐部是著名的政治俱乐部，曾经涌现出罗伯斯庇尔领导的山岳派。在大革命前夕的 1789 年 7 月 12 日，新闻记者、政治活动家卡米尔·德穆兰（Lucie Simplice Camille Benoist Desmoulins）飞身跃上餐桌，拔

图 5-4　吃冰淇淋的人

出佩剑，挥舞着手枪高喊："戴上帽徽起来战斗！"

　　如果说宫廷是贵族的社交场所，那么咖啡馆就是平民的社交场所。随着咖啡馆的增多，冰淇淋也渐渐普及。比如，前面讲到的普罗科普咖啡馆（见第 87 页）创立于 1686 年，是一家维也纳风格的咖啡馆。这里向客人供应的冰淇淋十分考究，加入了咖啡、巧克力、香草和肉桂等，受到客人喜爱。

　　此后，越来越多的咖啡馆向客人供应冰淇淋。不过一开始只限于巴黎等大城市。《新巴黎》（*Tableaux de Paris*）一书中有一段关于 1788 年的记载：

> 冰淇淋师傅是大城市才会有的真正手艺人。去巴黎之
> 外看看吧。不管是加入夏秋水果的冰淇淋，还是黄油冰淇
> 淋、樱桃酒冰淇淋，或者是博洛尼亚风格的冰淇淋、杏仁
> 奶冰淇淋，想要找到这些冰淇淋，都须得走上一百里格^①。
> 从这一点上来看，真正取得进步的只有首都。(《18 世纪巴
> 黎生活志——新巴黎　下》)

咖啡馆乐园

普罗科普咖啡馆的整面墙壁贴着镜子，天花板上镶嵌着闪
亮的水晶，是一家有名的文学咖啡馆。和它相似的咖啡馆如雨
后春笋般涌现出来。在普罗科普的带动下，咖啡馆的数量在
1721 年达到 300 家，1789 年增加至 2000 家，第一帝国时期达
到了 4000 家。这时的咖啡馆遍布各条小路、胡同、剧场、音乐
厅、河岸甚至拱廊（passage）和长廊（galerie），真可谓随处可
见。甚至有人说，在巴黎你根本无法躲开咖啡馆。

---

①陆地上的一里格约等于 4.827 千米。

咖啡馆装饰考究，照明灿烂夺目，店里摆放着精心挑选的家具。不管是匆忙吃饭的人，还是悠闲聊天的人，时尚高雅的咖啡馆都是他们的乐园。文化的中心从凡尔赛宫转移到充满活力的巴黎贵族沙龙，继而又转移到了资产阶级的咖啡馆。

　　在饮品和食物的搭配上，一般来说，啤酒要搭配有一点咸味的饼干，苦艾酒（vermut）要搭配橄榄。茶和咖啡则搭配蛋糕、猫舌饼干（langue de chat）、玛德琳蛋糕等。咖啡馆使咖啡、冰淇淋、甜点得到了极大的普及。咖啡馆也供应饭菜，常常身兼餐馆的角色。

　　人们一边喝咖啡，吃甜点，或者玩台球，浏览咖啡馆里的

图 5-5　聚集了许多客人的咖啡馆

报纸，一边与同伴讨论。大革命后，所有阶层都高度关注政治，以大革命为契机建立的"国民军"将他们团结在同一旗帜下。此外，由于出版自由化，报纸杂志的发行量也迅速增加。日益增多的咖啡馆对此起到了巨大的推动作用。出现了许多带有政治色彩的咖啡馆，有保王党的咖啡馆、共和派的咖啡馆，甚至还出现了工商界的咖啡馆。嘉布遣（Capucine）大道上的咖啡馆是巴黎最有贵族气息的咖啡馆，门外的马车排成长龙，等待着在咖啡馆中欢笑闲谈的主人。这条街上的巧克力店和糖果店也以新鲜美味而著称。

拱廊和甜点店

咖啡馆增加的另一个原因是巴黎各处出现的拱廊。沿着拱廊建造的咖啡馆越来越多。

拱廊出现在19世纪初期，19世纪20年代到50年代非常流行，是一种有拱顶的商业街。许多拱廊都有玻璃制成的拱顶，除了出入口以外全部密闭，因此虽身在室外却会让人产生在室内的感觉。拱廊的框架用钢铁制成，道路十分整洁，两侧商店林立。店铺的正面有巨大的玻璃窗，商品被尽情展示在这里。瓦斯灯的照明使商品显得更美丽。

拱廊是一种划时代的建筑设施，它将巴黎街道的嘈杂和污浊隔离在外，人们可以一边走一边欣赏橱窗里的商品，不用担心淋雨或者溅上泥巴。明亮的瓦斯灯与外面昏暗的街道形成巨大反差。1850 年，巴黎有大约 150 个拱廊（现在只剩下 20 个左右）。修建拱廊的初衷是为了保护有钱的顾客免受坏天气的影响。建成后，它迅速受到巴黎各阶层人民的喜爱，特别是资产阶级，这是对他们憧憬的亲密而整洁的家庭的延伸。

20 世纪德国思想家瓦尔特·本雅明（Walter Benjamin）评论拱廊时指出，"漫步"使巴黎这座城市整个变为室内场所。虽然劳动者不敢奢望营造亲密温暖的家庭，但是他们也能在拱廊内休闲漫步，享受那种氛围。本雅明还指出："在劳动者看来，拱廊就是客厅。对于大众来说，街边的拱廊比任何地方都要更好，它就是家具齐全、住习惯了的房子。"（《论拱廊·第 3 卷》）

拱廊里有许多咖啡馆。歌剧院的拱廊和两个附属长廊里就有许多有名的咖啡馆、餐馆和甜点店。20 世纪初，这里成了路易·阿拉贡（Louis Aragon）、安德列·布列东（André Breton）等超现实主义艺术家的聚集地。不过很遗憾，1925 年奥斯曼大道建成时，这里被破坏了。

与王室颇有渊源的巴黎皇宫及其拱廊、长廊中也有许多咖啡馆，贵族、文人、政治家等常常出入这里。格里莫和布里亚－萨瓦兰也是这里的常客。这里有一家罗曼夫人经营的咖啡馆，

图 5-6 维维安拱廊（Galerie Vivienne）。从面朝大街的入口走进去，中间的道路上方带有玻璃拱顶，两边商店林立。

她在 1815 年被认为是巴黎最美的女人，许多客人慕名前往。出生于苏格兰的作家瓦尔特·司各特（Walter Scott）著有历史小说《艾凡赫》，据说他也经常光顾。

公共马车的出现和铁路的铺设

在大量修建拱廊的时代，巴黎的交通工具也在发生变革。

从 19 世纪 30 年代开始，巴黎市内开始出现公共马车。这是 19 世纪前半期民主制的标志，穷人和贵族、男人和女人可以并肩乘车。在此之前，有钱人乘坐自己的豪华四轮马车或者单马双轮车（带有折叠式篷布的双轮马车）出行，其他人则乘坐街上的载客马车，当时大约有两千辆。

公共马车通常有三匹马，可以乘坐十二到二十人。它在规定的时间内沿固定路线行进，只要跟车夫或者售票员打一下招呼，就可以上车，非常方便，因此受到各个阶层的青睐。据说，贝里公爵夫人非常喜欢带着一两个侍女乘坐公共马车。最常乘坐公共马车的是资产阶级。特别是在 19 世纪后半期，公共马车和咖啡馆、拱廊一起成了资产阶级生活中不可或缺的东西。

另一方面，铁路的铺设和铁路网的建成带来了整个法国的交通革命。资本主义的成果惠及农村的时间要远远晚于城市。法国农村虽然废除了领主制度，农民们得到了解放，但那里仍然延续着旧体制下的生活方式。直到公路和铁路修通后，农村、小城镇与大城市连接起来，地方上才有了不小的变化。

1830 年，英国在利物浦和曼彻斯特之间铺设了铁路，运行燃煤蒸汽机车。从 1832 年开始，法国也有了蒸汽机车。不过舆论对于铁路的铺设没有一丝好感，充斥着对新技术的反对、怀疑，对打破旧秩序的不安，对财政问题的担忧。但是，随着农业和工业的快速发展，帝国、王朝复辟时期的马路和水运已经

图 5-7　各种身份的人同乘公共马车

无法满足时代的需求。1842 年，真正的铁路时代到来了。

铁路开始被视为新文明的象征。铁路线的发展速度惊人，从 1848 年的三千公里发展到 1870 年的一万四千公里，1900 年达到了四万五千公里。建设铁路、运行火车使煤炭和铁的需求增加，进而刺激了煤炭行业和制铁行业，制铁行业开始操控政治。钢铁时代到来了。1889 年的巴黎世博会上，埃菲尔铁塔成为钢铁时代的象征。

聚集在巴黎的名品特产

铁路网的完善连接了地方和中央，这为饮食文化带来了什么影响呢？从结果来看，与其说城市的食物传播到了地方，倒不如说地方的名品特产聚集到了巴黎，其数量比过去多得多。不同地区的食物种类和数量差别巨大，品质也有好有坏。不过，无论多么偏远的地区，都开始往巴黎运送物资。

铁路网的铺设使法国农业的面貌发生了变化。1880 年，农产品的价值从二十五年前的五十亿法郎增加到八十亿法郎。这都仰仗铁路的发展。铁路为农业带来了全新的可能。以前农田里只种粗粮以应对饥荒，现在却开始大量种植能在城市的市场里卖出高价的作物。农民们减少了大麦和黑麦的栽种，增加了用以制作面包和甜点的小麦和燕麦。此外，甜菜作为砂糖的原料，价格高涨。贫困地区变富裕的可能性越来越大。

一些原本只能在地方才能吃到、没什么名气的甜点，来到巴黎并一炮走红。它们得到全国性的好评，或者作为"法国名甜点"远销海外。比如，波尔多地区的卡娜蕾（canelé）[1]，普罗旺斯地区艾克斯的可利颂（calissons）[2]，北诺曼底地区的布甸罗

---

①把加入朗姆酒增香的面糊放入有锯齿状小沟的圆形模具中，烤制成焦煳色的甜点。
②由杏仁粉和甜瓜蜜饯等混合后烤制而成的船形甜点。

(bourdelot)①，利穆赞地区的芙纽多蛋糕（flognarde）②，布列塔尼地区的黄油酥饼（kouign amann）③，安茹地区的李子派，以及南锡的马卡龙，都是地方甜点的代表。

普鲁斯特和玛德琳蛋糕

马赛尔·普鲁斯特是 20 世纪颇有代表性的作家，他的长篇名作《追忆逝水年华》中多次出现甜点。而且，这些甜点都与回忆紧密相连。其中最有名的是柔软的扇贝形糕点——玛德琳蛋糕。故事的开头，是一个冬夜，在贡布雷街，为了驱寒，母亲为小说的主人公——叙述者"我"端来一杯红茶和玛德琳蛋糕。当尝到浸在红茶中的玛德琳蛋糕时，那种味道使"我"的脑海中浮现出了童年回忆：每个礼拜天做弥撒之前，莱奥尼阿姨都会给"我"拿来椴树花茶浸玛德琳蛋糕。然后，主人公从少年时期开始娓娓道来他的人生。

玛德琳蛋糕是什么时候、怎样诞生的呢？关于它的起源有许多种传说，下面这种说法的可信度比较高。1755 年，在洛林

---

①把洋梨用面糊包裹起来烤制而成的甜点。
②在水果塔面糊中放入水果，做成像卡仕达酱一样的面糊，注入模具中烤制而成的甜点。
③在布里欧修面糊中加入有盐黄油和酵母，然后做成圆形，发酵后烤制而成的甜点。

地区的可梅尔西城（Commercy），原波兰国王斯坦尼斯拉斯·莱什琴斯基在城堡里举行了一场宴会。可是他的厨师却因为在厨房里与人发生纠纷，丢下工作离开了，派和水果塔只做到一半。就在这时，一位年轻的女仆玛德琳·波尔米耶按照祖母的方法，用打蛋器迅速制作了一款蛋糕。客人赞不绝口，这种蛋糕后来便演变成了知名的玛德琳蛋糕。

19 世纪中期，玛德琳蛋糕的名字响彻巴黎。大仲马的《烹饪大词典》、格里莫的《美食家年鉴》都记载了这种甜点。报纸也报道了在巴黎皇宫周围，小贩叫卖玛德琳蛋糕的情景。在此之前，巴黎总是一副高高在上的姿态，就像站在埃菲尔铁塔上向下俯视一般，对地方总是带有一丝蔑视。现在，巴黎却欣然接受从洛林地区乘火车而来的甜点。从这时开始直到 20 世纪初期，玛德琳蛋糕的销售额呈直线上升。

其中，巴黎到斯特拉斯堡（Strasbourg）的铁路起到了很大作用。该线路途经可梅尔西城车站，女人们会在站台上出售玛德琳蛋糕。图 5-8 是反映这种景象的照片（明信片）。她们身着地方服饰，脖子上挂着装满玛德琳蛋糕的方形大篮子，双手抱着篮子，兜售蛋糕，这情景与在日本的车站出售车站便当很相似。火车进站时，她们就快步走起来，大声吆喝，或者摇动铃铛招徕客人。

玛德琳蛋糕成为可梅尔西城的一大产业，品质越来越好，

图 5-8　在可梅尔西城卖玛德琳蛋糕的女人们

价格却很低廉，广受喜爱。在铺设铁路之前，玛德琳蛋糕一年的产量大约只有两万个。1840年以后激增到二百四十万个。邻近的城市也纷纷效仿，希望用甜点带动经济发展。火车还将玛德琳蛋糕输送到巴黎东站。晚饭后食用玛德琳蛋糕成为资产阶级和贵族的习惯。就这样，玛德琳蛋糕成了巴黎的甜点，也成为法国的代表性甜点。

第6章

法国的现代和甜点

来自法国的慕斯蛋糕

第三共和国和费里的改革

普法战争（见第 144 页）中，普鲁士俘虏了拿破仑三世，他的帝位被废除。而后，临时政府与普鲁士讲和，被迫接受了许多要求，同意支付高额的赔偿金，并割让阿尔萨斯省全部和洛林省的一部分。对于这种和解，巴黎市民十分愤怒，再加上普鲁士军队围攻巴黎，愤怒的巴黎市民建立了自己的革命自治政权——巴黎公社，用以对抗主张解除国民军武装的国防政府。然而，巴黎公社很快便被镇压了。而后，第三共和国制定了宪法，努力重振法国，建立新社会。第三共和国从 1870 年持续到 1940 年，起初遭到保王党的抵制，后来共和派与大资本联袂，势力逐渐增强，确立了支配地位。不过，其间遭遇了数次议会制危机。

19 世纪 80 年代，教育部长、两次担任内阁总理的儒勒·费里（Jules Ferry，1832 ~ 1893）提出了三个目标：扩大自由、消除天主教会在学校的影响，以及通过殖民实现战败后的复兴。

在旧制度时期，法国以基督教为国教，教会和修道院拥有广阔的土地，教会代表担任政府要职，也控制着教育界。法国大革命虽然在很大程度上改变了这种局面，但天主教会在教育界仍然拥有强大的影响力。为此，儒勒·费里从教会手中夺回了初等教育的控制权。初等教育义务化、世俗化、无偿化①，公立学校中的教师由非神职人员担任。教师的使命是将共和国的道德观念和爱国精神传授给学生。同时，玛丽安娜像和《马赛曲》成为法兰西共和国的象征。《马赛曲》在1795年成为法国国歌，虽然在第二帝国时期被换掉，但是随着拿破仑三世失势，再次成为法国国歌。

费里还因为推进殖民地的扩张而为世人熟知。他强调，法国的扩张不仅需要传播法语，还应该将法国的习惯和"精髓"推广开来，这一点很重要。他打着美丽的旗号在殖民地实施教育，认为殖民扩张是在将自由、平等、友爱的美好理想移植到未开化的社会，是用文明之光照亮黑暗之地。然而，这只是法国等欧洲国家自以为是的立场，是殖民主义和帝国扩张的需求。

回顾历史，不难发现，大革命之后，法国国粹主义认为自己国家才是第一位的，这和主张扩张殖民地的扩张主义没有不同。从七月王朝时期开始，法国加紧向非洲的阿尔及利亚、塞

---

① 《费里法》，1881和1882年颁布的两个教育法令。

内加尔，中南半岛的越南南部地区、柬埔寨，以及新喀里多尼亚等太平洋岛屿进行殖民扩张。在普法战争中失败后，法国卷土重来，继续占领已经殖民地化的阿尔及利亚，并将摩洛哥、突尼斯等马格里布①国家划归自己的势力范围，将叙利亚、黎巴嫩、西非（加蓬、刚果、乍得、苏丹）、马达加斯加、老挝等国家纳入自己的殖民统治。第一次世界大战之后，原德国的附属国多哥和喀麦隆也被法国收入囊中，法兰西殖民帝国的面积达到一千一百平方公里。殖民地、附属国以及委任管理国的人口比法国本国的人口还要多，而全部加起来，人口多达一亿人，法国成了一个巨大的帝国。

然而，法国的殖民地教育却在很大程度上依靠罗马天主教会。传教者同时也是教育者，因为使用当地方言和法语两种语言实行教育最有效。但共和政体又蔑视罗马天主教会，认为教会支持君主制，维护旧秩序。在法国本土，《费里法》的颁布，将初等教育从天主教手中夺了回来。

天主教和共和派之间经历了各种波折，最终，1905年的《政教分离法》标志着共和派完全取得胜利。教会的动产和不动产都归国家所有，登记在册之后允许教会使用。宗教属于"私人"领域，不再是国家这一"公共"领域所关心的事情。通过

---

① 非洲西北部的一个地区。

将宗教驱逐出公共领域，法国完成了"世俗化、去宗教化"。在当代，由于法国伊斯兰教徒增多，产生了许多新问题。1989 年10 月，巴黎北部郊外的克雷伊（Creil）公立中学发生了"头巾事件"，引起了广泛的关注。三名穆斯林女中学生佩戴头巾上学，尽管校长一再劝说，但三人仍然拒绝摘下头巾，因此被禁止进入教室。这件事发生之后，法国全国发生了激烈的争论。争论围绕两点展开：一是依据宗教规定穿着打扮是否等同于在公共领域开展宗教活动？二是这种做法是否违背了《政教分离法》？

此外，在第三共和国执政期间，还发生了德雷福斯事件，这一重大事件使共和国陷入危机。1894 年，犹太籍上尉军官德雷福斯被怀疑是德国间谍，被判处终身流放。1896 年，真凶浮出水面，围绕是否重审，国民的意见分为两派。最终，主张民主共和、捍卫人权的左翼共和派战胜了军部右翼势力，带来了共和国的安定。

两次大战

进入 20 世纪后，法国继续占领殖民地，并向非洲和亚洲发动侵略。原因之一是出于发展经济的考虑，企图从殖民地取得工业原料，在殖民地开拓市场。银行家、商人、新闻记者、国会议员和军人等构成了推进殖民地扩张的核心力量。当然，反对的声音也不小。但他们依然以"肩负使野蛮人开化的使命"来为自己的侵略行径寻求正当性，这一理由从 16 世纪开始就没有改变过。

20 世纪初，法国在对摩洛哥等地的殖民问题上与德国发生矛盾，外交事件频发。普法战争时期，反德情绪再次在法国国内蔓延。法国人的复仇情绪高涨，夺回失去的东方国土的要求越来越强烈。第一次世界大战（1914 ~ 1918 年）爆发，法国艰难取胜，却付出了一百五十万人牺牲的沉重代价。经济上和物质上都蒙受了巨大损失，整个国家国力凋敝。

不过，暂时的"生存喜悦"占据了上风，经济急速发展，大量物品被消费，这一时期在历史上被称为"疯狂年月"。富裕的市民被战争结束的兴奋感包围，认为一切皆有可能。然而，事实上仅有一小部分人能负担奢侈消费。

尽管在第一次世界大战中付出了巨大代价，欧洲各国在战后仍然只顾本国利益，相互之间没有构筑稳固的安全保障机制，任由希特勒领导的纳粹德国抬头。第二次世界大战爆发，法国被纳粹德国占领，再次蒙受巨大的灾难。1940 年 6 月，德军占领巴黎，第三共和国崩溃瓦解，傀儡政府维希政权（Régime de Vichy）成立。拒绝投降的夏尔·戴高乐（1890 ~ 1970）等人在伦敦建立了流亡政府——自由法国，在北非等地开展抗击德国的斗争。与此同时，在戴高乐将军的呼吁下，法国国内也掀起了抵抗运动。德军占领下，法国人民的生活非常困苦，政府被迫采取支持德国纳粹的政策，疯狂地迫害犹太人。1944 年，盟军在诺曼底登陆，进入法国。8 月 25 日巴黎解放，戴高乐在阿尔及尔建立的法兰西共和国临时政府迁回巴黎。

战争结束后，世界的主导权由欧洲转移到了美国。苏维埃政权的建立让人们对未来的看法发生了改变。许多法国知识分子和工人开始信仰共产主义。人们尽情表达战争结束和解放的喜悦。然而，战争责任和赎罪的问题却接踵而至，它们以极端的形式深深刺痛人们的心。在战争中支持纳粹德国的人们被赶上街头，受到暴力殴打和虐杀，这类事件层出不穷。

战争时期的甜点和结婚蛋糕

甜点虽然简单，但也是多余、奢侈的食物。因此，在战争等统制经济时期，人们很难吃到甜点。

第一次世界大战和第二次世界大战期间，各行各业的年轻人都被征招入伍，糕点师越来越少。为了确保供给，需要给前线士兵制作易于保存的食物，各个甜点店都被禁止制作普通甜点，专为军队制作坚硬的面包（干面包）和加入酪蛋白（牛奶中的高营养蛋白质）的饼干。干面包和饼干也分发到小学和战俘营中。

前线的士兵们在战壕中奋勇作战，他们的干粮是面包、肉、脱水蔬菜、米，再加上砂糖。当战士们不上前线时，就会在休息时间来到乡下的食品店购买巧克力、甜点和利口酒等。

战争时期的婚礼是什么样的呢？因为食物供给采用配给制，定量供应，因此婚礼蛋糕不可能用许多材料制作。于是，糕点师开始想办法用很少的材料制作豪华、精美的蛋糕。他们在蛋糕下面摆放上一个大小合适的箱子，用白色的石膏涂抹表层。这个石膏箱看上去就像裹上了糖衣的蛋糕，因此整个蛋糕看上去又大，装饰又丰富。

人们将这个创意升级，在此基础上增加蛋糕的"层"数，使结婚蛋糕变得越来越华丽。法国在战争时期的蛋糕制作方法，在今天的日本依然流行。

战后的法国

战后，戴高乐一度担任总统，但很快辞职。1946 年 10 月，国民投票通过了宪法，第四共和国建立。这部宪法以国民议会为中心，国民议会由普通选举选出的议员组成，任期五年。同时，这部宪法创立了"法兰西联盟（Union française）"，重新定义了法国与殖民地的关系，赋予殖民地和法国本土同等的权利。

然而，第四共和国的政治非常不稳定，人们深深感到必须变更制度。于是，法国制定了第五共和国宪法草案，并于1958年9月28日全民公投通过。这部宪法的特征在于把戴高乐推到中心，赋予总统强大的权力，这一制度沿用至今。宪法规定，总理对国民议会负责，辅佐总统制定政策，指挥政府活动。法国的总理会在国会的多数派中选择，而如果与总统分属不同政治势力和党派的议员占据国民议会大多数席位的话，总统、总理党籍就不同，这种情况经常发生，称作联合政府（Cohabitation）。

经历过中南半岛战争和阿尔及利亚战争后，殖民地相继独立，与此同时，许多非洲和阿拉伯移民移居法国。法国拥有欧洲最大的穆斯林团体（伊斯兰教徒），其中许多人都出生在殖民地。法国人对殖民统治并不感到内疚，许多殖民地出身的移民也被法国"同化""统一"，在身份认同方面，这些移民首先认为自己是一个法国人。但是，近年来经济状况的恶化尤其危害了移民，许多人失业，遭受种族歧视。特别是在大城市的郊外，穆斯林和其他法国人相互敌对、相互憎恨，恶性循环。一直以来，法国都实行宽容对待移民的政策，但新的移民政策限制十分严格。

与此同时，高度的工业化和资本主义的发展也在一点点改变法国的价值观。仅仅凭借"法国精髓"、声称自己的文化是普适的，这种做法如今已经行不通了，必须妥善应对大众社会和全球化的现状。

法国在两次世界大战中蒙受了巨大损失，因此下定决心，绝不与德国再发生战争。面对美国和亚洲的崛起，为了在世界范围内占有一席之地，法国与德国联手，共同致力于欧洲的统一。

首先是 1952 年的欧洲煤炭钢铁共同体，接着，1958 年成立了欧洲原子能共同体和欧洲经济共同体。1967 年，这三个共同体统一为欧洲共同体（EC），加盟国也逐渐增加。1992 年签订《马斯特里赫特条约》，这一条约在以往经济领域的基础上谋求欧洲在政治领域的统一。该条约次年生效，欧洲共同体变成欧洲联盟（EU），欧洲站在了新的起跑线上。法国虽然有意实现国有企业的民营化，削减财政赤字等，但必须优先执行欧盟的统一制度，不能一意孤行地坚持自己的经济制度和政策方针。欧洲的联合在各种各样的问题中不断深化，已经没有退路，以文化作为立国之本的法国必须在这种格局下继续生存下去。

技术革新和甜点

最后我们来思考一下现代的法国甜点。

20 世纪后半期，随着运输手段和冷冻设备的不断发展，食材被运送到很遥远的地方时依然能够保持新鲜，许多原来不能使用的原材料也可以应用到烹饪中。同时，由于机械技术的进步，大批量生产成为可能，虽说不能全部依靠机器，但面团等许多东西都可以使用现成的材料。

而且，在烤制、加热、冷却、保存等许多环节中，人们可以非常严密地管理温度、时间和分量，烤箱和冰箱的发明也给甜点制作带来了福音。揉面、压面等工作实现了机械化，可以轻松完成。玻璃纸、铝箔和塑料容器的出现使得甜点的展示更为卫生和美观。

慕斯蛋糕出现盛况、糕点制作中使用各种新鲜水果都仰仗这些技术才能实现。此外，普通人品尝到著名糕点师作品（与之相近的作品）的机会也大大增加了。

人们对奶油的偏好也在发生变化。一直以来，奶油乳酪（buttercream）在法国很受欢迎，如今鲜奶油渐渐进入全盛时期。甜点中也会添加其他奶油，使口味和外观变得丰富多样。另外，受"糖对健康不利"的观念影响，不太甜的甜点——这种形容实在是很矛盾——受到人们的欢迎。这真是一个不可思议的时代，虽然不至于完全不使用砂糖，但是人们却想方设法减少砂糖的摄入。过度摄入热量也是有害的，因此脂肪也是越少越好，大量使用黄油简直骇人听闻。古典式甜点的许多传统已不再流行。

慕斯的口感

现在，很多人觉得重新回到了"美好时代（Belle Époque）"，也就是"女性时代"。因为口感良好、顺滑、口味清淡、不会给胃造成负担的甜点开始大受欢迎。特别是慕斯，在使糕点凝固时，人们摒弃了以往加热的方法，转而采用冷却的方法，使其实现入口即化。这符合现代人对口感的追求，引发了热潮。如果慕斯能够具有异域风情就更好了。烹饪界有"新式烹调（nouvelle cuisine）"，相应地，"新式甜点"的时代也到来了。

吉田菊次郎指出，1981 年密特朗（François Maurice Adrien Marie Mitterrand）总统建立的社会主义政权为慕斯时代的到来创造了契机。政府制定政策缩短工作时间，作为应对措施，甜点界引入了冰箱（shock freezer）。水果不适合直接冷冻，但是做成果酱再和奶油等混合在一起就可以冷冻了。就这样，人们迎来了慕斯的时代。

慕斯类、巴伐露斯、焦糖布丁（creme caramel）、牛奶杏仁慕斯、果冻、舒芙蕾（soufflé）等如今大受欢迎。吃完一套法国菜后，如果不吃冰淇淋、冰冻果子露，人们就会选择上述甜点。似乎很多人都会觉得水果塔之类的有些腻。由于人们喜好的变化，对于有细小气泡的饼干面糊也有了新的评价。

甜点的组织或者说纹理（质地）左右着甜点的味道，这种观点的影响力越来越大。随着技术的进步，包括酸奶和冰淇淋在内的所有甜点，质地越来越细腻，产生了膨松、黏稠、顺滑的口感。

但是，由于产品的标准化，所有的食谱都很相似。于是，装饰变得越发重要。虽然有点不可思议，但相比于口味，人们的确更重视个性化的装饰和外观。"装饰方法"原本就是法国甜点的重要因素，但是真的可以只注重颜色、形状和质地，而不在乎味道吗？

另外，还有一种重新审视、保护"古典"甜点的倾向。从20世纪90年代开始，人们开始重新认识香料面包、玛德琳蛋糕、几种水果塔，以及泡芙、手指泡芙等甜点。最近，马卡龙在法国和日本都受到追捧，费南雪（financier）等小蛋糕也摆放在商场和甜点店的柜台。这是一个好势头。

法国糕点师的时代——埃斯科菲尔

奥古斯特·埃斯科菲尔（Georges Auguste Escoffier，1846～1935）被誉为近代法国菜的始祖，他将安东尼·卡雷姆的古典式甜点与现代糕点相连接。埃斯科菲尔原本想成为一名雕塑家，十三岁时却在家乡附近的尼斯（Nice）成为实习厨师，十八岁时来到巴黎，开始在一家人气餐厅工作。此后，历尽周折，他认识了著名的酒店之王恺撒·里兹（César Ritz），两个人开始了酒店事业。他们在欧洲各国的大城市开设酒店和餐厅，成为社会精英们的华丽社交场所。

埃斯科菲尔改良了卡雷姆的古典式菜肴和甜点，使其更加简单、合理，并且让制作过程实现了分工，提高了工作效率，大大加快了制作速度。他在伦敦的萨瓦酒店（Savoy Hotel）担任厨师长时，为1893年和1896年暂住在此的歌剧演员内莉·梅尔巴制作的"梅尔巴蜜桃（Pêches Melba）"非常有名。梅尔巴演出的歌剧《罗恩·格林》是一部庄严的神话剧，剧中有天鹅出场。埃斯科菲尔制作的是一道桃子甜点，模仿天鹅出现的场景。香草冰淇淋上放上桃子，甜品装在镶银的容器中，两侧摆上用冰雕刻的天鹅翅膀，上面覆盖砂糖丝。这款甜点立刻走红，成了一道知名甜点，普及开来。

图6-1　奥古斯特·埃斯科菲尔

还有一位对现代法国甜点做出重要贡献的糕点师，他就是著名的贾斯通·雷诺特（Gaston Lenotre，1920～2009）。雷诺特的父母都是厨师，母亲制作的美味甜点使他立志成为糕点师。起初，他在诺曼底的多维尔（Deauville）小城附近开了一家店，获得了巨大的成功。1957 年，他进军巴黎。他的店位于高级住宅区16 区的奥特伊（Auteuil）大街，广受好评，不久就扩大了店面。1971 年，他开办了甜点学校，有志成为糕点师的人从世界各地来到这里学习。1975 年，他开始走向世界，首先在德国开设分店，接着于 1979 年在东京开设了分店。

雷诺特是与卡雷姆齐名的重要人物，他奠定了现代甜点清淡柔和、不太甜的趋势。现在的甜点大量使用新鲜水果，这种制作方法也是由他推广开的。为了使厚重的奶油乳酪变得清淡，他发明了在奶油乳酪中加入意大利蛋白霜的方法。他还致力于使用机器制作糕点，从而使高级甜点能够大量生产，得到普及。他普及甜点的功劳无人能及。

法国的未来和甜点

在按照自己的方式回顾法国历史的过程中，我选择了"法国精髓"这个关键词，并讨论了"法国精髓"的象征之一——法国甜点。而所谓的精髓与国土密不可分、互相依存。法国精髓从古代开始便植根于法国国土，从中世纪到近代，催生了各种各样的法国甜点，越来越考究。国王、王妃、贵族、农民、城市居民、修道士及神职人员等，各种身份的人都参与其中，天主教会、宫廷、贵族宅邸、资产阶级的家庭都是甜点制作的舞台，外国和殖民地也为甜点制作贡献了力量。在此期间，精髓像漩涡中心一般，将制作甜点的素材、技术、创意都吸引到了法国，特别是巴黎。

如今法国的精髓在哪里呢？现在，日本等世界各国都在制作和食用法国的甜点。不去巴黎也可以吃到非常美味的法国甜点。当然，现在提到甜点，依然以法国为标杆，顶级的糕点师大多是法国人，进修学习甜点制作也要去法国。但是，在我的印象中，"法国精髓"已经离开了法国国土，扩散到了世界各地。

"法国精髓"与法国"历史"也密不可分。高傲的法国坚守自己的语言，在公共场合绝不使用法语以外的语言。这份孤傲和矜持在全球化的时代能坚持多久？法国的文化战略又会如何？法国的时尚仍然支配着世界各地的高级时装店。从20世纪开始直至今日，法国人一直引领着全球建筑风格（装饰艺术风格）的潮流。所以，我认为，甜点和法国菜一样，暂时不会失去自己的地位，还将占据优势。

法国有农业传统，这有助于维持法国的饮食文化。第二次世界大战后，法国经济迅速增长，经济结构发生改变，农业人口大幅减少。法国迈入了工业国家的行列。但是，时至今日，法国的农业生产依然繁荣，是欧盟最大的农业国。在农作物加工品方面，法国仅次于美国，是世界第二大出口国。地理学家维达尔·白兰士（Paul Vidal de la Blache，1845～1918）曾经说过："法国人在法国看到的，是大地丰富的赐予和在此生活的喜悦。"这句话在今天依然适用。

大革命前后，法国在文化上极大地影响了其他国家。为了维持自己在国际上的影响力，法国必须向世界展示其魅力，这是他们的使命。法国文化一直具有双重特征，既有普适性，又有法国固有的东西。今后会变成什么样呢？法国甜点的前途又会如何呢？对此，我既感到不安，又满怀期待。我想我会一直保持关注。

如今，法国也开始效仿美国，食物、购物和劳动形式都发生了很大的变化。说英语的法国人大大增加。在法国，就连总统也开始像美国人一样慢跑。但我却希望，法国总统是一位"漫步者"，优雅地在巴黎市内散步。

后　记

　　单凭"甜点",而不是法国菜,来追寻法国的历史,能不能做到呢? 起初我有些担心,但是随着查阅资料和撰写的深入,我渐渐确信,甜点的历史中充满了法国历史的精华。甜点映射出各个时代法国人的灵魂。

　　我是不折不扣的甜食党。和家人、朋友在饭店吃饭或者参加聚会时,听到别人滔滔不绝地谈论红酒,或者看到大家酒兴渐浓、开怀畅饮,并不会觉得愉快。想来,像我这种对酒一窍不通的人,在爱酒的人眼里也一定是个"无趣之人"吧。然而,若用红酒来追寻法国历史的话,恐怕会变成一部鸿篇巨制。我想用甜点来讲述法国的历史更合适。

　　在写作本书时,我想紧跟流行趋势,于是成了妻子朋友组织的"甜品巡逻队"的一员,尝遍了东京和神户有名的法国甜点店。那段时间感觉非常幸福,品尝甜点积攒起来的幸福感也支撑着我度过了在短时间内紧张写作的艰辛时光。

当然，仅凭吃是无法写书的。为此我查阅了相关史料和研究著作。其中主要是一些法语文献，也参考了不少日文著作，记录如下：

大森由纪子《新版 我的法国地方甜点》，柴田书店，2010年。

大森由纪子《法国甜点图鉴——甜点名字和由来》，世界文化社，2013年。

河田胜彦《古老而崭新的法国甜点》，NHK出版，2010年。

北山晴一《美食的社会史》，朝日选书，1991年。

玛格洛娜·图桑·萨玛（Maguelonne Toussant Samat）《甜点的历史》，河出书房新社，2005年。

猫井登《甜点的由来故事》，幻冬舍文艺复兴，2008年。

尼古拉·赫伯（Nicola Humble）《蛋糕的历史故事》，原书房，2012年。

让–罗伯尔·皮特（Jean-Robert Pitte）《法兰西美食——历史和风土》，白水社，1996年。

吉田菊次郎《西洋甜点 走遍世界》，朝文社，2013年。

安托尼·罗利（Anthony Rowley）《美食的历史》，创元社，1996年。

实际上，在现在的法国，即使是在巴黎，也很难见到考究而可口的甜点。咖啡馆里只有水果、巧克力水果塔或者布里欧修。街头普通的蛋糕店里摆放的尽是甜味大蛋糕，或者含有谷粒的面包，实在让人愕然（习惯了的话也会觉得好吃）。称得上是法国文化精华的精致可口的甜点，只能在高档街区的有名蛋糕店和茶室（Salon de Thé）中才能品尝得到。

反而在日本，你能够轻易吃到美味的甜点。不仅在东京和神户，稍具规模的城市，随处可见高档蛋糕店，商场地下更是甜品的天堂。法国精髓已经扎根日本了，不是吗？

与写作《意大利面里的意大利史》时一样，本书的编辑工作得到了岩波书店编辑部朝仓玲子女士的大力帮助。她为我提出了许多修改和删减的宝贵意见，使本书的内容和表达更符合要求。我再一次深深地感觉到，书不是作者一个人的作品。我衷心地感谢她。

读者朋友们，如果你们能够看着可爱的插图，沉浸在甜蜜的思绪中，同时了解到法国历史的概要和法国精髓，我将感到无比喜悦。

池上俊一

法国历史年表（黑体字为甜点相关事项）

罗马支配之前	约公元前 9 世纪　凯尔特人从多瑙河流域来到高卢地区
高卢–罗马时代	公元前 58 ～ 公元前 51 年　恺撒征服高卢
	4 世纪　法兰克人来到高卢地区
	476 年　西罗马帝国灭亡
墨洛温王朝	481 年　法兰克王国第一代国王克洛维斯加冕
	中世纪初期，"祝福饼""祭饼"等出现在基督教的文献中
加洛林王朝	751 年　矮子丕平创建加洛林王朝
	800 年　教皇利奥三世为查理大帝加冕，后者成为西罗马帝国皇帝
	910 年　设立克吕尼修道院
卡佩王朝	987 年　雨果·卡佩当选为法兰西国王
	1096 年　十字军东征开始（～ 1270 年）**在此期间，阿拉伯世界的砂糖、香料、珍稀水果和折叠面皮来到法国**
	1180 年　腓力二世（高贵王）在位（～ 1223 年），修建巴黎新城墙和卢浮宫

卡佩王朝	1207 年　专门制作"祭饼"的手艺人出现在同业行会清单中
	1214 年　布汶战役，战胜英德，强化王权
	1270 年　路易九世（圣路易）去世
瓦卢瓦王朝	1328 年　卡佩王朝绝嗣。腓力六世开创瓦卢瓦王朝
	14 世纪初期　**开始在"主显节"食用国王饼**
	14、15 世纪　**香料面包在贵族中间流行**
	1337 年　英法百年战争（~ 1453 年）
	1348 年　黑死病，导致法国约三分之一的人口死亡
	1429 年　圣女贞德解放奥尔良之围
	1515 年　弗朗索瓦一世即位（~ 1547 年），引导法国走向文艺复兴
	1533 年　**凯瑟琳·德·美第奇嫁给后来的亨利二世，冰淇淋、糖果等意大利甜点传入法国**
	1534 年　雅克·卡蒂亚（Jacques Cartier）登陆加拿大
	16 世纪　法国宗教战争
	1572 年　圣巴托洛缪大屠杀

波旁王朝	1589 年　亨利四世即位（～ 1610 年）
	1598 年　南特赦令
	1615 年　西班牙公主安妮嫁给路易十三，饮用巧克力等习惯开始流行
	1618 年　三十年战争（～ 1648 年）
	1643 年　路易十四即位（～ 1715）不久后制作出加入奶油的冰淇淋
	1648 年　投石党运动（～ 1653 年）
	1653 年　拉瓦雷的《法兰西糕点师》出版
	1655 年　喜爱甜点的萨布雷侯爵夫人移居修道院
	1661 年　芒萨尔设计的凡尔赛宫开始修建
	1670 年　马提尼克岛开始种植可可
	1671 年　发明打发鲜奶油的瓦戴尔自杀
	1686 年　西西里人普罗科皮奥在巴黎开设第一家咖啡馆（普罗科普）
	1688 年　法国和英国围绕安的列斯群岛展开斗争（～ 1815 年）
	1691 年　马夏洛的《王室和资产阶级家庭的厨师》中第一次出现卡仕达酱
	17 世纪末　安的列斯群岛开始建设甘蔗种植园

波旁王朝	1746 年　梅农的《资产阶级家庭的女厨师》出版，介绍了巧克力甜点、奶油等许多甜点
	1751 年　《百科全书》开始发行
	1755 年　在洛林地区的可梅尔西城，斯坦尼斯拉斯王的城堡里诞生了玛德琳蛋糕
	1756 年　七年战争（～1763 年）法国失去加拿大
	1760 年　皇家巧克力工厂建立
	1770 年　玛丽·安托瓦内特嫁给后来的路易十六，奥地利的咕咕霍夫等许多甜点传入法国
	1789 年　法国大革命（～1799 年）
第一共和国（国民公会）	1792 年　王权废止，通过男性普通选举建立了第一共和国
	1794 年　热月政变（罗伯斯庇尔失败）
（督政府）	1795 年　选举出五名督政官，督政府成立
	1796 年　《芙瑞滋手册》出版
（执政府）	1799 年　雾月政变，拿破仑执政
	18 世纪末～19 世纪中期　巴黎诞生了许多餐馆
	1803 年　格里莫·德·拉·雷尼埃发行《美食家年鉴》
第一帝国	1804 年　拿破仑加冕称帝

第一帝国	19世纪初　**卡雷姆制作了很多装饰甜点，糕点师鲁热发明了"拿破仑蛋糕"**
	1806年　开始针对英国实行大陆封锁政策
王朝复辟	1814年　拿破仑退位，路易十八即位
	1815年　拿破仑"百日王朝"。**卡雷姆出版《巴黎的王室糕点师》**
	1826年　**布里亚-萨瓦兰出版《味觉生理学》**
七月王朝	1830年　七月革命，路易·菲利浦成为法国国王
	19世纪30年代　巴黎市内开始运行公共马车
	1842年　法国迎来真正的铁路时代
	1846～1847年　**巴黎发明圣奥诺雷泡芙**
第二共和国	1848年　路易·菲利浦在二月革命中流亡。第二共和国成立。劳动者爆发六月暴动。12月路易·拿破仑成为总统
	1850年　**里昂诞生"闪电泡芙"**
	1851年　路易·拿破仑发动政变
第二帝国	1852年　拿破仑三世开创第二帝国
	19世纪50年代　塞纳省知事奥斯曼男爵对巴黎实施大改造
	1857年　建设新的巴黎中央市场（～1858年）

第二帝国	1862 年　**法国西北部的南特诞生了第一家小蛋糕工厂**
	1870 年　普法战争（～1871 年），拿破仑三世被俘虏
第三共和国	1870 年　第三共和国成立。
	1870 以后　**圣诞树桩蛋糕开始流行**
	1871 年　巴黎公社
	1879 年　**发明奶油分离器**
	1881～1882 年　初等学校无偿化、非宗教化、义务化
	1887 年　法属印度支那联邦成立
	约 1890 年　**法式苹果塔诞生**
	1894 年　德雷福斯事件（～1906 年）
	1905 年　政教分离法
	1914 年　第一次世界大战（～1918 年）
	1919 年　《凡尔赛条约》。阿尔萨斯和洛林重新回归法国
	1939 年　第二次世界大战（～1945 年）。**战争时期人们想办法制作结婚蛋糕**
维希政权	1940 年　维希政权建立，与德国合作

第四共和国	1946 年　第四共和国成立
	1954 年　阿尔及利亚战争（～1962 年）
第五共和国	1958 年　第五共和国成立。夏尔·戴高乐再次成为总统
	1962 年　阿尔及利亚独立
	1981 年　密特朗当选法国总统。**冰箱的引入带来了慕斯的繁荣**

图书在版编目（CIP）数据

法国甜点里的法国史／（日）池上俊一著；马庆春
译．－－海口：南海出版公司，2018.11
ISBN 978-7-5442-9347-1

Ⅰ．①法…Ⅱ．①池…②马…Ⅲ．①甜食－历史－
法国－通俗读物②法国－历史－通俗读物Ⅳ．
① TS972.134-095.65 ② K565.09

中国版本图书馆 CIP 数据核字 (2018) 第 139779 号

著作权合同登记号　图字：30-2017-109

OKASHI DE TADORU FURANSUSHI
by Shunichi Ikegami
© 2013 by Shunichi Ikegami
First published 2013 by Iwanami Shoten, Publishers, Tokyo
This simplified Chinese edition published 2018
by ThinKingdom Media Group Ltd., Beijing
by arrangement with the proprietor c/o Iwanami Shoten, Publishers, Tokyo
All rights reserved.

法国甜点里的法国史

〔日〕池上俊一　著

马庆春　译

出　　版　南海出版公司　　（0898）66568511
　　　　　海口市海秀中路51号星华大厦五楼　　邮编 570206
发　　行　新经典发行有限公司
　　　　　电话 (010)68423599　　邮箱 editor@readinglife.com
经　　销　新华书店

责任编辑　崔莲花
特邀编辑　余梦婷
装帧设计　李照祥
内文制作　博远文化

印　　刷　山东鸿君杰文化发展有限公司
开　　本　880毫米×1168毫米　1/32
印　　张　6.75
字　　数　124千
版　　次　2018年11月第1版
印　　次　2018年11月第1次印刷
书　　号　ISBN 978-7-5442-9347-1
定　　价　45.00元